U0750040

现代微生物学实验指导

主　编　梁新乐

副主编　李余动　张　蕾　魏培莲　陆海霞

浙江工商大學出版社
ZHEJIANG GONGSHANG UNIVERSITY PRESS

图书在版编目(CIP)数据

现代微生物学实验指导 / 梁新乐主编. —杭州：浙江工商大学出版社，2014.3(2020.1 重印)

ISBN 978-7-5178-0223-5

Ⅰ.①现… Ⅱ.①梁… Ⅲ.①微生物学—实验—高等学校—教学参考资料 Ⅳ.①Q93-33

中国版本图书馆 CIP 数据核字(2014)第 006807 号

现代微生物学实验指导

梁新乐 主编

责任编辑 王黎明

封面设计 王好驰

责任校对 陈维君

责任印制 包建辉

出版发行 浙江工商大学出版社

(杭州市教工路 198 号 邮政编码 310012)

(E-mail：zjgsupress@163.com)

(网址：http://www.zjgsupress.com)

电话：0571-88904980，88831806(传真)

排　　版 杭州朝曦图文设计有限公司

印　　刷 虎彩印艺股份有限公司

开　　本 710mm×1000mm 1/16

印　　张 12.5

字　　数 245 千

版 印 次 2014 年 3 月第 1 版 2020 年 1 月第 3 次印刷

书　　号 ISBN 978-7-5178-0223-5

定　　价 27.00 元

浙江工商大学出版社营销部邮购电话 0571-88904970

内 容 提 要

本书分上篇和下篇两部分。上篇主要介绍了普通微生物学基本实验技术，以普通高等院校本科教学为目的，既有基本技能操作，又有微生物卫生检验及简单应用性试验，内容基本涉及了微生物理论课的所有章节。下篇着重介绍了工业微生物育种所采用的经典和现代生物技术手段，包括菌种分离鉴定、传统诱变、基因突变和基因组重排等，并采用分子生物学方法对菌种性能进行多角度评价，使学生能学习工业菌种开发的完整实践环节，全面掌握工业微生物菌种分子育种的全过程。

全书叙述翔实，每个实验后均附有相关参考文献，供读者查阅。本书适合理、工、农、林、医各类高等院校微生物学课程教学之用，也可供相关生物科技工作人员参考。

前　　言

随着现代生物技术日新月异的进步，特别是20世纪70年代分子生物学实验方法划时代的突破和应用，促进微生物学实验技术不断向深度和广度拓展，涌现出大批以微生物为操作对象的研究方法和探索方向。系统地介绍基础微生物学的基本操作和现代工业微生物学的分子育种与资源开发的全套技能，是本书编写的根本目的。

全书共分上下两篇，共31个实验。上篇简明扼要地介绍了普通微生物学实验教学过程常见的实验单元，根据教学大纲学分要求，安排了16个实验。内容涵盖了微生物形态学、生理学、遗传学及生态学等内容，主要涉及微生物学基本仪器的规范使用、无菌技术、培养技术，以及食品微生物学卫生指标检测技能等。下篇内容以现代工业微生物育种思路为主线，主要包括微生物菌种的分离鉴定，常规诱变育种获得多样性种质库，细菌的基因定点突变，酵母菌的基因同源双交换重组，链霉菌的转导接合，以及核糖体工程的基因组重排育种。着重介绍了现代分子生物学进展在工业微生物育种上的应用，并辅以相关的评价手段对实验过程结果进行分析评估。从而形成一个相对完整的现代工业微生物分子育种基本实验操作思路。

本书取材广泛、内容丰富，可满足普通微生物学和工业微生物学的教学要求，可作为本科及研究生实验课教材使用；由于对相关内容进行了细化，尤其是下篇重点针对工业菌种的改造内容，故也可当作生物、制药、食品、环境、农业等行业中从事工业微生物科研和生产的工程技术人员的参考书和工具书。

本书实验一、二、四、五、六、七内容由陆海霞编写；实验十八、二十五、二十六、二十七、二十八、三十一内容由李余动编写；实验十七、十九、二十、二十一、二十二、二十三、二十四、二十九内容由梁新乐编写；实验前准备及实验三、十、十三、十四、十六、三十内容由张蕾编写；实验八、九、十一、十二、十五、二十内容由魏培莲编写。同时，王庆龄、余雯雯、赵杉杉、张东、张俊梅、施结燕、王亚楠、毛赟燕、陈迪等同学在编写过程做了大量的材料准备与校对工作。

本书编写限于水平和时间原因，错误和不足之处在所难免，请读者批评指正。

编　者

2013年12月于杭州

目 录

上篇 微生物学经典实验

下篇 工业微生物学现代实验技术

上篇
微生物学经典实验

实验前的准备

微生物学实验是生物类专业的必修实验课，通过该课程的教学可使学生完整、全面地了解和掌握微生物学的基本理论和研究方法，使学生得到有关微生物实验技能的基本训练，进一步加深对微生物基础理论的理解，并力求达到系统地培养学生分析问题、解决问题和实际动手能力，在实验中进一步提高学生的科学素质修养。

为了上好微生物学实验课，并保证安全，特提出如下注意事项：

每次上课前，必须认真阅读实验指导，明确该次实验的目的要求、实验原理和注意事项，熟悉实验内容、方法和步骤，做到心中有数，思路清晰。

1.进入实验室需穿着工作服、包覆式鞋子(严禁穿拖鞋、凉鞋)。实验期间(特别是用火时)，蓄长发的学生应将长发扎起于脑后。个人物品请勿放置于实验桌上，实验期间随时保持桌面整洁。

2.实验室内应保持安静和整洁，勿高声谈话和随便走动，严禁吸烟和食用任何食品饮料。注意并熟悉医药箱、灭火器的存放位置，并熟知其使用方法。

3.实验时应仔细认真，严格按操作规程进行，注意改变生活中的习惯动作，以掌握微生物学实验的科学操作方法。认真及时做好实验记录，对于当时不能得到结果而需要连续观察的实验，则需记下每次观察的现象和结果，以便分析。

4.使用贵重仪器应先事先熟知操作规程，遇仪器故障时请教师帮助解决。

5.使用药品时，应确实了解药品的物性、化性、毒性及正确使用方法，并且对实验过程中可能发生的危险，采取适当的预防措施。实验药品宜采用少量称取方式，若是不慎采取过量，可倒入特定回收容器，切勿倒回原来容器或随意丢弃于水槽中。如果不慎将腐蚀性药剂喷溅至脸、眼或身体其他部位，应尽快以清水冲洗5分钟以上(高浓度酸液切不可直接以水清洗，需用干净毛巾将酸液擦干净后方能用清水冲洗)，受伤较重者需送医院处理。

6.注意防火安全，易燃物品如二甲苯、吸水纸等应远离火源。打火机只能用于点燃酒精灯，酒精灯用完应及时盖上灯帽。用火时，实验人员不可随意离开实验室，加热结束应立即熄火。如不慎发生火灾，视具体情况，适时选用湿布、干沙或灭火器将之扑灭。

7.实验需进行培养的材料，要标明姓名、组别、日期后，放于教师指定的培养箱中进行培养。如遇菌液外溢、皮肤划伤或菌液吸入等意外，应立即报告教师及时进行处理，不得隐瞒，以免酿成后患。

8. 厉行节约，对水、电、染色液、镜油、擦镜纸、吸水纸及其他药品等均应节约使用。无法使用的已损毁玻璃器皿，应置于废弃玻璃搜集箱内，不可随意丢入垃圾桶。

9. 不可擅自携带任何菌种、实验仪器或药剂离开实验室，以免发生爆炸、自燃或误食等情况。

10. 实验完毕，必须将仪器放到指定地点，带菌工具应先进行消毒处理。实验产生的高浓度酸、碱、含重金属或有机物等废液，应分别回收于废液回收桶中等待处理，微生物培养物应及时杀灭以免造成环境污染。

11. 实验结束后应清洗桌面、实验仪器以及水槽，整理清扫实验室。检查关闭非必要之电源、水源和其他开关，以避免危险发生。洗手后方可离开实验室。

一、常用玻璃器皿及准备

微生物学实验室所使用的玻璃器皿主要用于微生物的培养（培养皿、锥形瓶）、微生物的保存（试管）、吸取菌液（刻度吸管、移液器）、制片（载玻片、盖玻片）等。使用前都需要经过洗涤清洁处理，至少无灰尘、油垢、无机盐等杂质，才能保证获得正确的实验结果。有的器皿在洗涤后还要用一定的密封包装、经过灭菌才能使用。

（一）试管

微生物学实验室所用玻璃试管，其管壁必须比化学实验室用的厚些，以保证塞棉花塞时管口不会破损。试管口的形状要求没有翻口，不然，微生物容易从试管塞与管口的缝隙间进入试管造成污染，也不便于盖试管帽。有的实验要求尽量避免蒸发试管内的水分，则需要使用螺口试管，盖以螺口胶木塞或塑料帽。培养细菌一般用金属（如铝）帽或试管塞，也可用泡沫塑料塞等。

试管的大小可根据用途的不同，准备下列三种型号（图 1）：①大试管（约 18 mm^2 ×180 mm），可盛放倒平板所需的培养基，可管内制备琼脂斜面用（需培养大量菌体时用）和盛液体培养基用于微生物的振荡培养；②中试管[约（13～15） mm^2 ×（100～150） mm]，盛液体培养基培养细菌或作琼脂斜面用，亦可用于细菌、病毒等的稀释和血清学试验；③小试管[（10～12） mm^2 ×100 mm]，一般用于糖发酵或血清学试验和其他需要节省材料的试验。

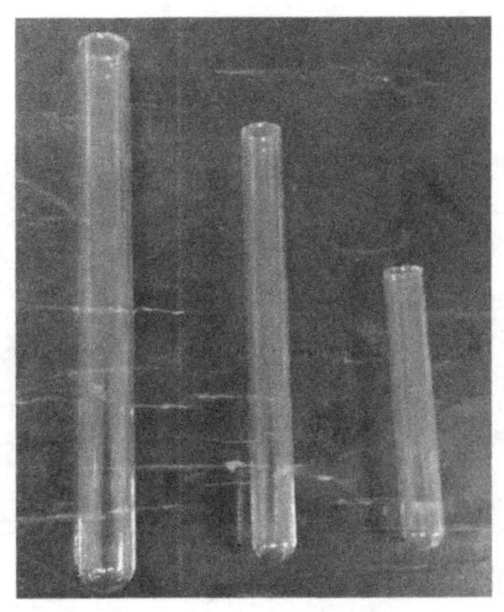

图 1　不同型号的试管

图 2　德汉氏小管

(二)德汉氏小管

观察细菌在糖发酵培养基内产气情况时，一般在小试管内再套一倒置的小套管(约 6 mm^2×36 mm)(图 2)。此小套管即为德汉氏小管，又称发酵小套管。

(三)小塑料离心管

又称 Eppendorf 管(图 3)。常用有 2.0 mL、1.5 mL 和 0.5 mL 等型号，主要用于微生物分子生物学实验，小量菌体的离心，DNA(或 RNA)分子的检测、提取和 PCR 反应等。

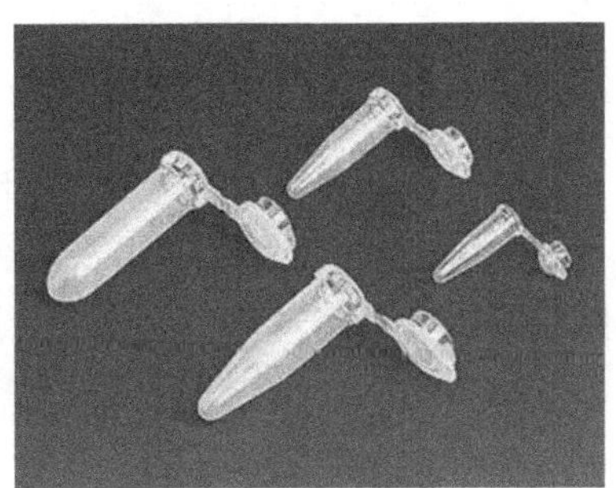

图 3　小塑料离心管

(四)吸管

1. 玻璃吸管

微生物学实验室一般要准备 1 mL、5 mL、10 mL 的刻度玻璃吸管。吸管一般有两种类型，一种是血清学吸管，又称移液管(图 4)，这种吸管刻度指示的容量包括管尖的液体体积;另一种是不计量的毛细吸管,又称滴管(图 5),可配合胶头使用,吸取动物体液和离心上清液以及滴加少量抗原、抗体等。

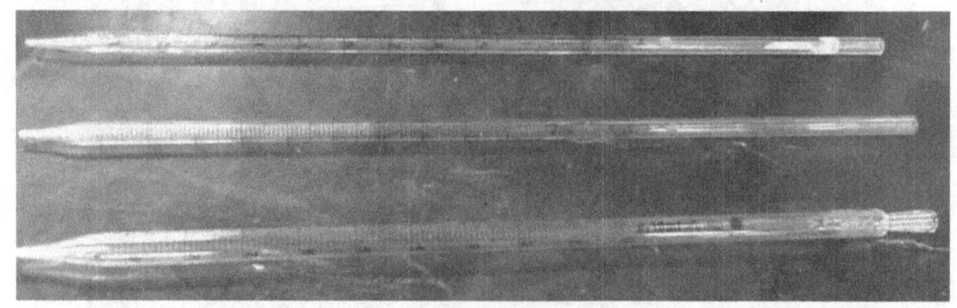

图 4　移液管

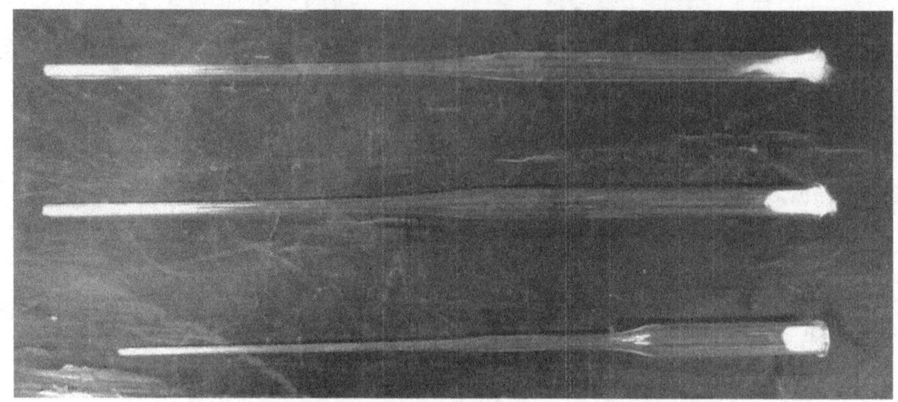

图 5　吸管

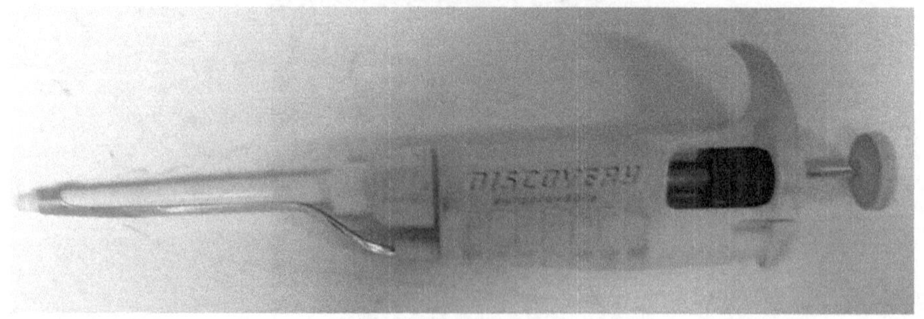

图 6　微量加样器

2. 微量移液器

又称微量加样器(图 6),主要用来吸取微量液体,规格型号很多。每个微量吸管在一定范围内可调节,标有使用范围,例如:0.5～10 μL、2～10 μL、10～100 μL、100～1 000 μL 等。使用时:①将合适大小的塑料嘴(tip)牢固地套在微量吸管的下端;②旋动调节键,使数字显示器上显示出所需要吸取的体积;③用大拇指按下调节键，并将吸嘴插入液体中；④缓慢放松调节键，使液体进入吸嘴，并将其移至接收试管中；⑤按下调节键，使液体进入接收管；⑥按下排出键，以去掉用过的空吸嘴或直接用手取下吸嘴。

除了可调的微量吸管外，也有不可调的，即一个吸管只固定一种体积。不可调的微量吸管应用范围受到限制，但使用方便。

（五）培养皿

常用的培养皿如图 5 所示，皿底直径 90 mm，高 15 mm，皿底皿盖均为玻璃制成。有特殊需要时，可使用陶器皿盖，能吸收水分，使培养皿表面干燥。例如测定抗生素生物效价时，培养皿不能倒置培养，则用陶器皿盖为好。在培养皿内倒入适量固体培养基制成平板，可用于分离、纯化、鉴定菌种，活菌计数以及测定抗生素、噬菌体的效价等。

图 5　培养皿

（六）三角烧瓶与烧杯

三角烧瓶有 100 mL、250 mL、500 mL 和 1000 mL 等不同的大小，常用来盛放无菌水、培养基和振荡培养微生物等。常用的烧杯有 50 mL、100 mL、250 mL、500 mL和 1 000 mL 等规格用来配制培养基与各种溶液等。

（七）注射器

一般有 1 mL、2 mL、5 mL、10 mL、20 mL、25 mL 等不同容量的注射器。注射抗原至动物体内时，可根据需要使用 1～5 mL 的；抽取动物心脏血或绵羊静脉血常用 10～50 mL 的。微量注射器有 10 μL、20 μL、50 μL、100 μL 等不同的型号。一般在免疫学或纸层析、电泳等实验中滴加微量样品时应用。

(八)载玻片与盖玻片

普通载玻片大小为 75 mm×25 mm,盖玻片大小为 15 mm×18 mm,用于微生物涂片、染色、做形态观察等。凹玻片是在一块较厚玻片的正中有一圆形凹窝,做悬滴观察活细菌以及微室培养用。

(九)双层瓶

由内外两个玻璃瓶组成(图 6),内层小锥形瓶放香柏油,供油镜观察微生物时使用,外层瓶盛放清洁液,用以擦净油镜头。

图 6　双层瓶

图 7　滴瓶

(十)滴瓶

用来装各种染料、生理盐水等(图 7)。

(十一)接种工具

接种工具有接种环、接种针、接种钩、接种铲、玻璃涂布器(图 8)等。制造环、针、钩、铲的金属可用铂或镍,原则是软硬适度,能耐受火焰反复灼烧,又易冷却。接种细菌和酵母菌用接种环和接种针,其铂丝或镍丝直径以 0.5 mm 为适当,环的内径为 2～4 mm,环面应平整。接种某些不易与培养基分离的放线菌和真菌时用接种钩或接种铲,其丝的直径要粗一些,约 1 mm。用涂布法在琼脂平板上分离单个菌落时需用玻璃涂布器,是将玻璃棒弯曲或将玻璃棒一端烧红后压扁而成。

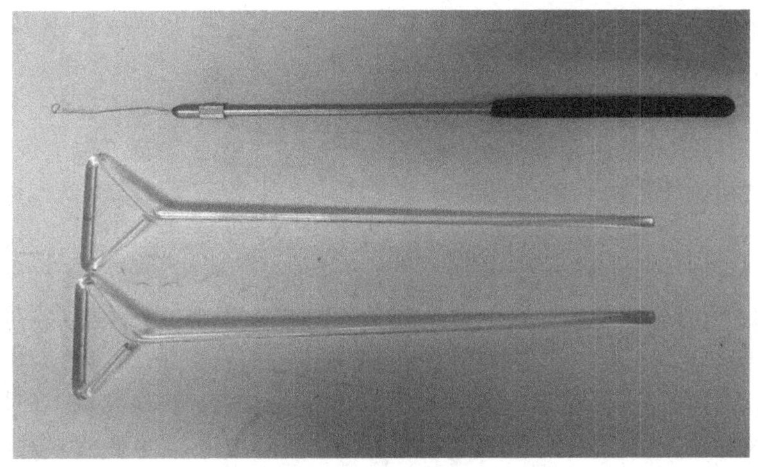

图8　接种针和玻璃涂布器

二、常用玻璃器皿的洗涤方法

微生物学实验中需要使用大量的玻璃器皿，在实验前均需洗涤清洁，晾干备用。洁净的玻璃器皿是保证得到正确实验结果的首要条件，因此，玻璃器皿的洗涤清洁工作显得非常重要。清洗方法根据实验目的、器皿的种类、所盛的物品、洗涤剂的类别和玷污程度等的不同而有所不同。

(一)新玻璃器皿的洗涤方法

新购置的玻璃器皿含游离碱较多，应在酸溶液或重铬酸钾洗涤液内浸泡数小时，酸溶液一般用2%的盐酸或重铬酸钾洗涤液。浸泡后用清水冲洗干净。

(二)使用过的玻璃器皿的洗涤方法

(1)试管、培养皿、三角烧瓶、烧杯等。可用瓶刷或海绵沾上洗涤剂刷洗，然后用自来水充分冲洗干净。热的肥皂水去污能力更强，可有效洗去器皿上的油污。用洗衣粉和去污粉较难冲洗干净，常在器壁上附有一层微小粒子，故要用水多次甚至十次以上充分冲洗，或可用稀盐酸摇洗一次，再用水冲洗，然后倒置于铁丝框内或有空心格子的木架上，在室内晾干。急用时可盛于框内或搪瓷盘上，放烘箱内烘干。

玻璃器皿经洗涤后，若内壁的水均匀分布成一薄层，表示油垢完全洗净，若挂有水珠，则还需用洗涤液浸泡数小时，然后再用自来水充分冲洗。

装有固体培养基的器皿应先将其刮去，然后洗涤。带菌的器皿在洗涤前先浸在 2%煤酚皂溶液(来苏水)或 0.25%新洁尔灭消毒液内 24 h 或煮沸 0.5 h,再用上法洗涤。带病原菌的培养物应先行高压蒸汽灭菌,然后将培养物倒去,再进行洗涤。

盛放一般培养基用的器皿经上述方法洗涤后,即可使用,若需精确配制化学药品,或做科研用的精确实验,要求自来水冲洗干净后,再用蒸馏水淋洗 3 次,晾干或烘干后备用。

(2)玻璃吸管。吸过血液、血清、糖溶液或染料溶液的玻璃吸管(包括毛细吸管),使用后立即投入盛有自来水的量筒或标本瓶内(量筒或标本瓶底应垫有脱脂棉花,否则吸管投入时容易破损),免得干燥后难以冲洗干净,待实验完毕,再集中冲洗。若吸管顶部塞有棉花,则冲洗前先将吸管尖端与装在水龙头上的橡皮管连接,用水将棉花冲出,然后再装入吸管自动洗涤器内冲洗,没有吸管自动洗涤器的实验室,可用冲出棉花的方法多冲洗片刻,必要时再用蒸馏水淋洗。洗净后放搪瓷盘中晾干,若要加速干燥,可放烘箱内烘干。

吸过含有微生物培养物的吸管亦应立即投入盛有 2%煤酚皂溶液,或 0.25%新洁尔灭消毒液的量筒或标本瓶内,24 h 后方可取出冲洗。

吸管的内壁如果有油垢,同样应先在洗涤液内浸泡数小时,然后再行冲洗。

(3)载玻片与盖玻片。用过的载玻片与盖玻片如滴有香柏油,要先用皱纹纸擦去或浸在二甲苯内摇晃几次,使油垢溶解,再在肥皂水中煮沸 5~10 min,用软布或脱脂棉花擦拭后,立即用自来水冲洗,然后再稀洗涤液中浸泡 0.5~2 h,自来水冲去洗涤液,最后用蒸馏水换洗数次,待干后浸于 95%乙醇中保存备用。使用时在火焰上烧去乙醇。用此法洗涤和保存的载玻片与盖玻片清洁透亮,没有水珠。

检查过活菌的载玻片与盖玻片应先在 2%煤酚皂溶液或 0.25%的新洁尔灭消毒液中浸泡 24 h,然后按上述方法洗涤与保存。

(三)洗涤需遵循的原则

(1)用过的器皿应随即洗掉,放置太久会增加洗涤的难度,随时洗涤还可以提高器皿的使用率。

(2)含有病原菌或属于植物检疫范围内的微生物试管、培养皿及其他容器,应先浸在 5%石炭酸溶液内或蒸煮灭菌后再进行洗涤。

(3)盛有毒物品的器皿要分开处理,不能与一般器皿混杂洗涤。

(4)难洗涤的器皿不要与易洗涤的器皿一起,有油的器皿不要与无油的器皿一起,减少洗涤的难度。

(5)强酸、强碱及其他氧化物和有挥发性的有毒物品,都不能倒在洗涤槽内,必须倒在废液缸中。

(6)用过的升汞溶液,切勿装在铝锅等金属器皿中,以免腐蚀金属器皿。

(7)任何洗涤法,都不应该对玻璃器皿有所损伤。所以不能使用对玻璃器皿有腐蚀作用的化学试剂,也不能使用比玻璃硬度大的制品来擦拭玻璃器皿。

三、玻璃器皿的包扎

(一)培养皿的包扎

培养皿常用牛皮纸或旧报纸密密包紧,一般以5～8套培养皿作一包,少于5套工作量太大,多于8套不易操作。包好后行干热或湿热灭菌。如将培养皿放入金属(不锈钢)筒内进行干热灭菌,则不必用纸包,金属筒有一圆筒型的带盖外筒,里面放一装培养皿的框架,此框架可自圆筒内提出,以便装取培养皿。

(二)移液管的包扎

准备好干燥的吸管,在距其粗头顶端约0.5 cm处,塞一小段约1.5 cm长的棉花,以免使用时将杂菌吹入其中,或不慎将微生物吸出管外。棉花要塞得松紧恰当(过紧吹吸液体太费力;过松吹气时棉花会下滑),然后分别将每支吸管尖端斜放在报纸条的近左端,与报纸约成45°,并将左端多余的一段纸覆折在吸管上,再将整根吸管卷入报纸,再将右端多余的报纸打一小结(图9)。如此包好的很多吸管可再用一张大报纸包好,进行干热灭菌。

如果有装吸管的铜或不锈钢筒,亦可将分别包好的吸管一起装入筒内,进行灭菌;若预计一筒灭菌的吸管可一次用完,亦可不用报纸包,而直接装入筒内灭菌,但要求吸管尖朝筒底。使用时,将筒卧放在桌上,用手持粗端抽出。

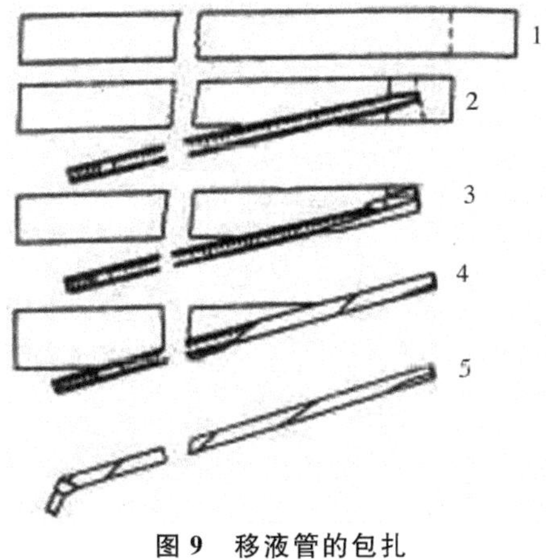

图9 移液管的包扎

(三)试管和三角烧瓶等的包扎

试管管口和三角烧瓶瓶口塞以棉花塞(图 10)或泡沫塑料塞,然后在棉花塞与管口和瓶口的外面用两层报纸或平皮纸以细线包扎好(如果能用铝箔,则可省去用线包扎且效果更好)(图 11)。进行干热或湿热灭菌,试管塞好塞子后也可一起装在铁丝篓中,用牛皮纸或铝箔将一篓试管口做一次包扎,包纸的目的在于保存期避免灰尘侵入。空的玻璃器皿一般用干热灭菌。

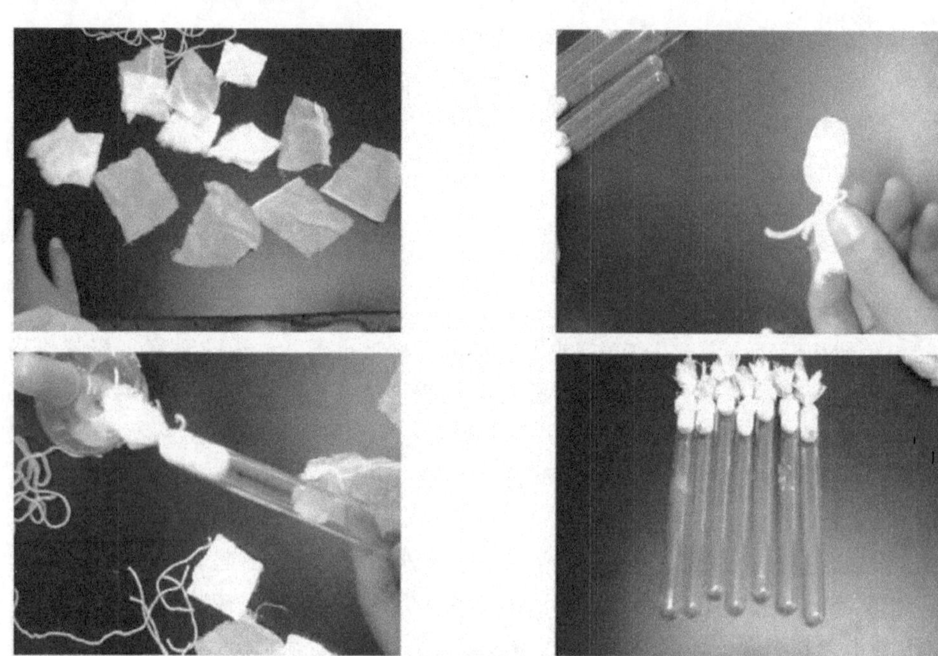

图 10　试管棉塞的制作

图 11　三角瓶的包扎

四、玻璃器皿的干热灭菌

干热灭菌是利用高温使微生物细胞内的蛋白质凝固变性而达到灭菌的目的。细胞内的蛋白质凝固性与其本身的含水量有关，在菌体受热时，当环境和细胞内含水量越大，则蛋白蛋凝固就越快，反之含水量越少，凝固缓慢。因此，与湿热灭菌相比，干热灭菌所需温度更高(160～170℃)，时间更长(1～2 h)，但干热灭菌温度不能超过 180℃，否则，包器皿的纸或试管塞会碳化，甚至引起燃烧。干热灭菌的步骤如下：

(1)将包好的待灭菌物品(培养皿、试管、吸管等)放入电烘箱内，关好箱门。物品不要摆得太挤，以免妨碍空气流通，灭菌物品不要接触电烘箱内壁的铁板，以防包装纸烤焦起火。

(2)接通电源，拨动开关，打开电烘箱排气孔，让温度逐渐上升。当温度升至 100℃时，关闭排气孔，直至达到所需温度。

(3)当温度升达到 160～170℃时，恒温调节器会自动控制调节温度，保持此温度 2 h。干热灭菌过程要严防恒温调节的自动控制失灵而造成安全事故。

(4)切断电源、自然降温。

(5)待电烘箱内温度降到 70℃以下后，打开箱门，取出灭菌物品。电烘箱内温度未降到 70℃，切勿自行打开箱门以免骤然降温导致玻璃器皿炸裂。

实验一

普通光学显微镜的使用及细菌形态的观察

一、实验目的

(1)了解普通光学显微镜的构造、基本原理、维护及保养方法。
(2)学习并掌握普通光学显微镜的正确使用方法。
(3)掌握使用油镜观察细菌形态的基本技术。

二、实验原理

(一)显微镜的基本构造

普通光学显微镜是利用目镜和物镜两组透镜系统来放大物像的。由机械部分和光学部分组成。(见图 1-1)。

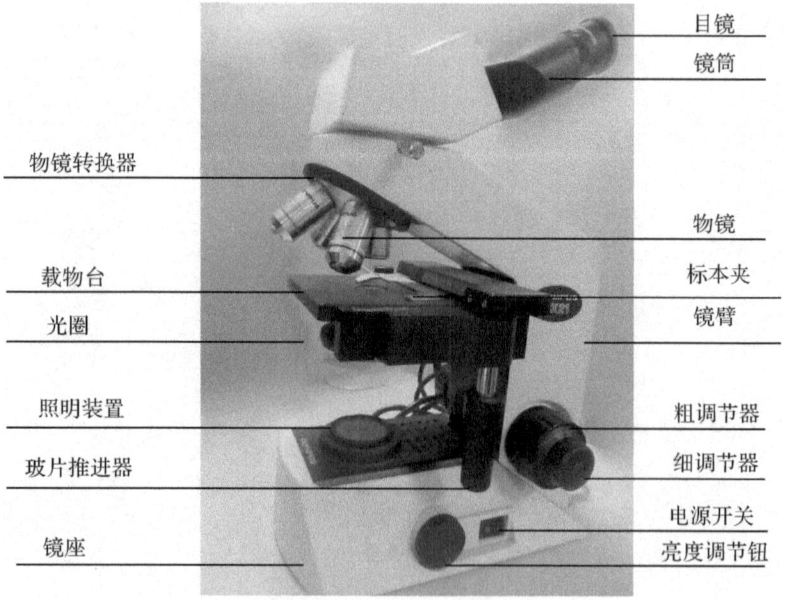

图 1-1　光学显微镜构造示意

(1) 光学部分:接目镜(目镜)、接物镜(物镜)、照明装置(聚光镜、虹彩光圈、反光镜、光源等)。

(2) 机械部分:镜座、镜臂、镜筒、物镜转换器、载物台、物镜转移器、调焦装置(粗调节器和细调节器)等部件。

(二)油镜的工作原理

(1)增加照明强度

油镜与其他物镜的不同之处在于载玻片与接物镜之间的介质不是空气,而是与玻璃折射率($n=1.55$)相仿的镜油(通常选用香柏油,其折射率 $n=1.52$)。当光线通过载玻片后,可以直接通过香柏油进入物镜,几乎不发生折射(图 1-2),增加了视野的进光量,从而使物像更加清晰。

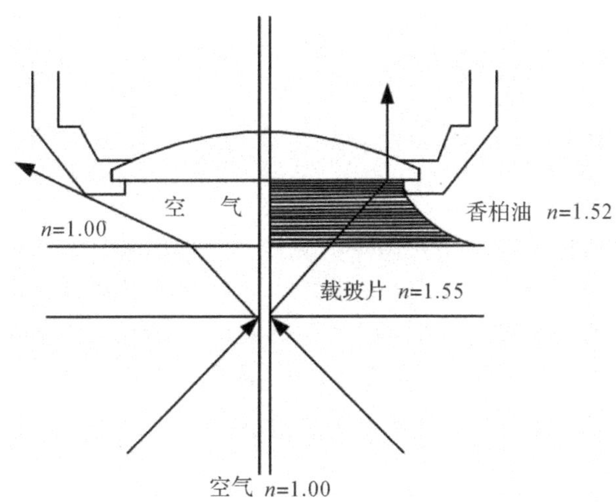

图 1-2　干燥系物镜与油浸系物镜光线通路

(2)增加显微镜的分辨率

显微镜的放大倍数=接物镜放大倍数×接目镜放大倍数

显微镜的分辨率:表示显微镜辨析两点之间距离的能力。可用公式表示为:

$$D=\lambda/2n \cdot \sin(\alpha/2)$$

式中:D 为物镜分辨出物体两点间的最短距离。D 值越小,分辨率越高,看到的物像越清晰,

λ 为可见光的波长(0.4~0.77 μm,平均 0.555 μm);

n 为物镜和被检标本间介质的折射率;

α 为镜口角(即光线入射角,最大为 120°);

θ 为镜口角口的半数(图 1-3)。

$NA=\sin\theta$ 为物镜的数值孔径值。

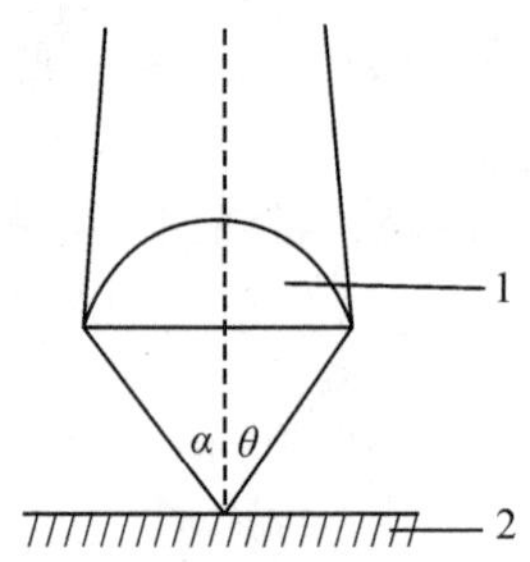

图 1-3 物镜的光线入射角

由于香柏油的折射率(1.52)比空气和水的折射率(分别为 1.0 和 1.33)高,因此以香柏油作为镜头和玻片之间介质的油镜所能达到的数值孔径值要高于低倍镜、高倍镜等干镜。若以可见光的平均波长 0.55 μm 来计算,数值孔径通常在 0.65 左右的高倍镜只能分辨出距离不小于 0.4 μm 的物体,而油镜的分辨率可达到 0.2 μm。

三、实验器材

(1)菌种:大肠杆菌(*Escherichia coli*)、枯草芽孢杆菌(*Bacillus subtilis*)、蜡样芽孢杆菌(*Bacillus cereus*)、金黄色葡萄球菌(*Staphylococcus aureus*)、乳杆菌(*Lactobacillus*)、变形杆菌(*proteus bacillus vulgaris*)等细菌染色片。

(2)溶液或试剂:香柏油、乙醇-乙醚(3∶7,*V*/*V*)混合液。

(3)仪器或其他用具:普通光学显微镜、擦镜纸。

四、实验步骤

普通光学显微镜的使用流程:

取镜→安置→调光源→调目镜→调聚光器→镜检(低倍镜→高倍镜→油镜)→清洁物镜镜头→复原。

(一)观察前的准备

(1)显微镜的安置。拿显微镜时,应一手握镜臂,一手托镜座,置于平整的实验台上,镜座距实验台边缘 3～4 cm,使用前先熟悉显微镜的结构和性能,检查各部分零件是否齐全,镜身有无尘土,镜头是否洁净。镜检时姿势要端正。

(2)调节光源。安装在镜座内的光源灯可通过调节电压以获得适当的照明亮度。开闭光圈,调节光线强弱,直至视野内得到最均匀最适宜的亮度为止。

(3)调节双筒显微镜的目镜。双筒显微镜的目镜间距可以根据使用者的个人情况适当调节。

(4)聚光器数值孔径值的调节。调节聚光器虹彩光圈值与物镜的数值孔径值相符或略低。

(二)显微观察

物镜的使用——先低倍、后高倍、再油镜。

调焦的规律——由上而下。勿使物镜镜头碰触玻片,以免损坏物镜。

(1)低倍镜观察。将标本玻片置于载物台上,用标本夹夹住,移动推进器使观察对象处在物镜的正下方,下降 10× 物镜,使其接近标本,先用粗调节器(粗调螺旋)将载物台升至最高,再缓慢下降直至出现图像后再用细调节器(细调螺旋)调节图像至清晰。通过标本夹推进器慢慢移动玻片,认真观察标本各部位,找到合适目的物,仔细观察。

(2)高倍镜观察。在低倍镜下找到合适的观察目标并将其移至视野中心后转动物镜转换器将高倍镜移至工作位置,对聚光器光圈及视野进行适当调节后微调细调节器使物像清晰,利用推进器移动标本仔细观察并记录。

(3)油镜观察。在高倍镜下找到合适的观察目标将其移至视野中心,将高倍镜转离工作位置,在待观察的样品区域滴上一滴香柏油,将油镜转到工作位置,油镜镜头此时应正好浸泡在镜油中。将聚光器升至最高位置并开足光圈,保证其达到最大的效能。调节照明使视野的亮度合适,微调细调节器使物像清晰,利用推进器移动标本仔细观察并记录所观察到的结果。

使用油镜观察染色标本时,光线宜强,可将光圈开大,聚光器上升到最高,光线调至最强。

注意:不可将高倍镜转动经过滴有镜油的区域。

(三)显微镜用毕后的处理

(1)上升镜筒,取下载片。

(2)用擦镜纸擦去镜头上的香柏油,然后用擦镜纸蘸少许乙醇-乙醚($V/V=7:3$)混合溶液擦去镜头上残留的油迹,然后再用干净的擦镜纸擦去残留的清洗液。

(3)用擦镜纸清洁其他物镜和目镜,用绸布清洁显微镜的金属部件。

(4)将各部分还原,将光源灯亮度调至最低后关闭,将最低放大倍数的物镜转到工作位置,同时将载物台降低到最低位置,并降下聚光灯。

(四)显微镜保养和使用中的注意事项

(1)不准擅自拆卸显微镜的任何部件,以免损坏。

(2)目镜和物镜镜面只能用擦镜纸擦,而不能用手指或粗布去擦,以保证光洁度。

(3)观察标本时,必须依次用低、中、高倍镜,最后用油镜。若已使用过油镜,则不要再用高倍镜,以免镜油污染镜头难以清洁。当目视接目镜时,特别在使用油镜时,切不可使用粗调节器,以免压碎玻片损伤镜面。

(4)拿显微镜时,一定要右手拿镜臂,左手托镜座,不可单手拿,更不可倾斜拿。

(5)显微镜应存放在阴凉干燥处,以免镜片滋生霉菌而腐蚀镜片。

五、实验记录

图示所观察的细菌,标明菌名(中文及拉丁文名称)、放大倍数、菌体形状、颜色、有无芽孢、排列方式等。

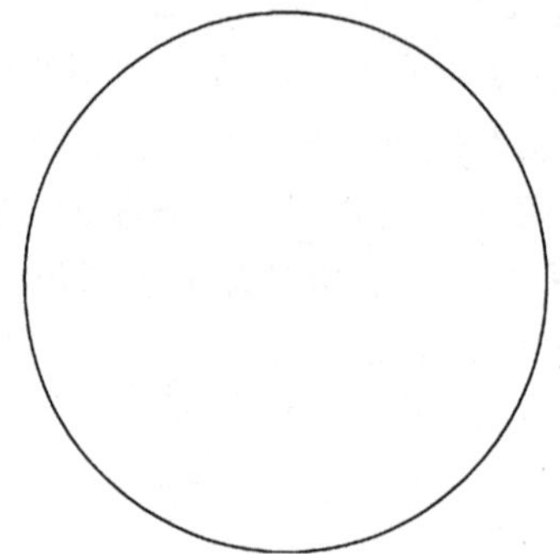

结果记录:

菌名(拉丁文):________________

观察物镜:__________ 放大倍数:__________

菌体形状:__________ 排列方式:__________

颜色:__________ 有无芽孢:__________

六、思考题

(1)用油镜观察时应该注意哪些问题?在载玻片和镜头之间滴加香柏油有什么作用?

(2)什么是物镜同焦现象?它在显微镜观察中有什么意义?

(3)影响显微镜分辨率的因素有哪些?

课后阅读

一、荧光显微镜

荧光显微镜是以紫外线为光源，用以照射被检物体，使之发出荧光，然后在显微镜下观察物体的形状及其所在位置。荧光显微镜用于研究细胞内物质的吸收、运输、化学物质的分布及定位等。细胞中有些物质，如叶绿素等，受紫外线照射后可发荧光；另有一些物质本身虽不能发荧光，但如果用荧光染料或荧光抗体染色后，经紫外线照射亦可发荧光。荧光显微镜就是对这类物质进行定性和定量研究的工具之一。

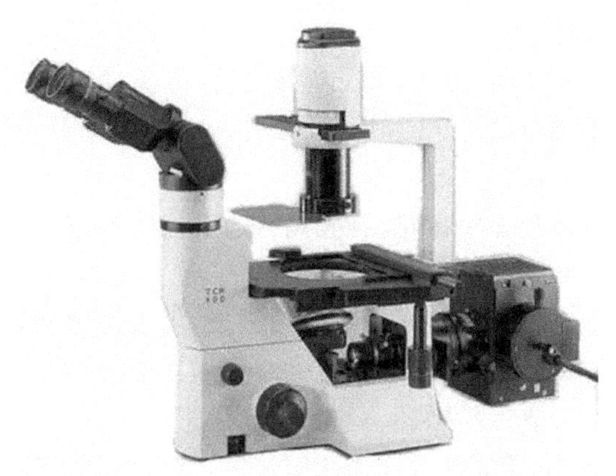

图 1-4　荧光显微镜

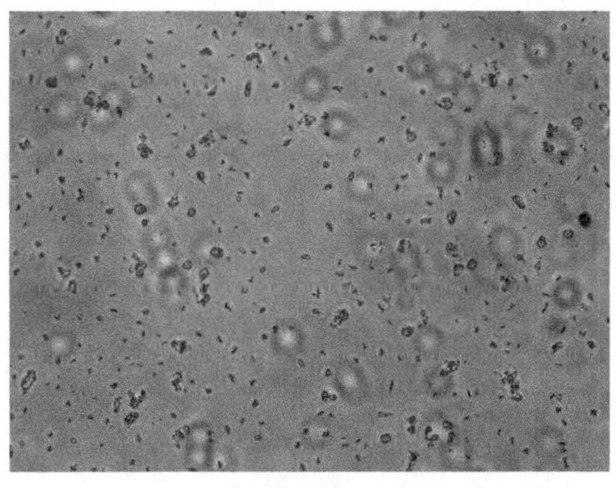

图 1-5　溶藻弧菌荧光显微镜图

荧光显微镜和普通显微镜有以下的区别：

(1)照明方式通常为落射式，即光源通过物镜投射于样品上。

(2)光源为紫外光，波长较短，分辨力高于普通显微镜。

(3)有两个特殊的滤光片，光源前的用于滤除可见光，目镜和物镜之间的用于滤除紫外线，以保护人眼。

荧光显微镜也是光学显微镜的一种，两者的主要区别是激发波长不同。由此决定了荧光显微镜与普通光学显微镜结构和使用方法上的不同。

荧光显微镜是免疫荧光细胞化学的基本工具。它是由光源、滤板系统和光学系统等主要部件组成。利用一定波长的光激发标本发射荧光，通过物镜和目镜系统放大以观察标本的荧光图像。

使用荧光显微镜的注意事项：

(1)在用透射式荧光显微镜时，若使用暗视野聚光器，应特别注意光轴中心的调整。

(2)荧光镜检应在暗室观察。

(3)高压汞灯启动后需等 15 min 左右才能达到稳定，亮度达到最大时方可使用。高压汞灯不要频繁开启，若开启次数多、时间短，会使汞灯寿命大大缩短。

(4)在观察与镜检合适物像时，宜先用普通明视野观察，当准确检查到物像时，再换荧光镜检，这样可减轻荧光消褪现象。

(5)观察与摄影应尽量争取在短时间内完成，可采用感光度较高的底片摄影。

(6)紫外线易伤害人的眼睛，必须避免直视激发光。

(7)光源附近不可放置易燃品。

(8)镜检完毕，应将显微镜做好清洁工作后，方可离开工作室。

二、倒置显微镜

倒置显微镜其组成和普通显微镜一样，只不过物镜与照明系统颠倒，前者在载物台之下，后者在载物台之上，主要用于观察培养的活细胞，具有相差物镜。

倒置显微镜和放大镜起着同样的作用，就是把近处的微小物体成一放大的像，以供人眼观察。倒置显微镜比放大镜具有更高的放大率。

物体位于物镜前方，离开物镜的距离大于物镜的焦距，但小于两倍物镜焦距。所以，它经物镜以后，必然形成一个倒立的放大的实像，再经目镜放大为虚像后供眼睛观察。目镜的作用与放大镜一样，所不同的只是眼睛通过目镜所看到的不是物体本身，而是物体被物镜所成的已经放大了一次的像。

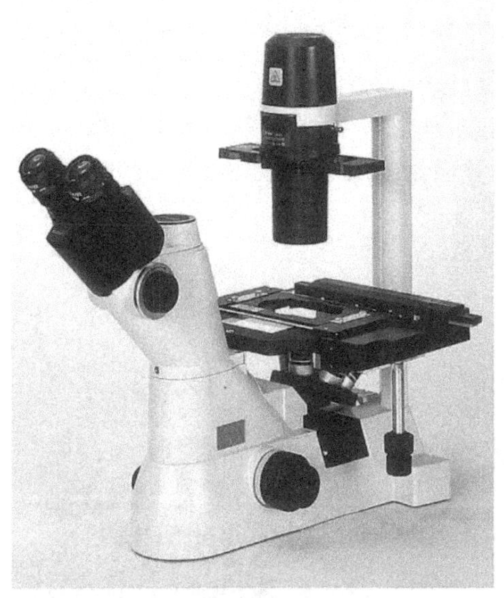

图 1-6　倒置显微镜

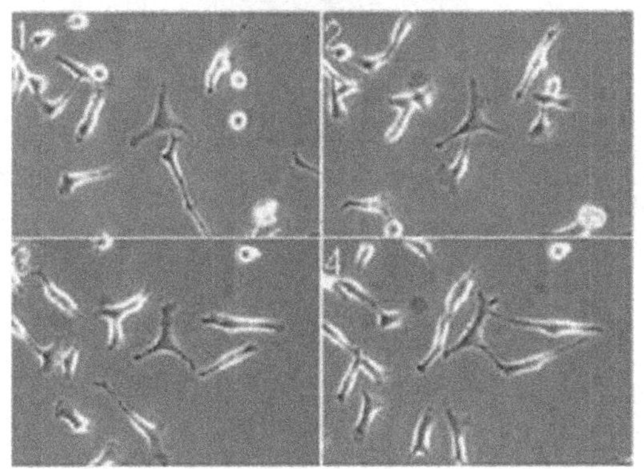

图 1-7　多维活细胞倒置显微镜图①

三、电子显微镜

1932 年，Ruska E 及其同事以波长比可见光短得多的电子束作为光源，使电磁透镜的分辨能力高达 0.1 nm，放大倍数可高达 100 万倍。

---

① 引自百度图库 http://image.baidu.com/i? ct=503316480&z=&tn=baiduimagedetail&ipn=d&word=多维活细胞倒置显微镜图。

人的眼睛只能分辨 1/10 毫米以上的物体。随着电镜技术的迅猛发展，继透射电镜之后，又相继研制出扫描电子显微镜、扫描透射电镜和具有分析功能的分析电镜等新型电镜。有了各种类型的电子显微镜，人们不仅可以清晰地观察微生物的细胞器、病毒的细微结构，还能观察到生物大分子物质，并能对生物进行综合性的功能研究。现在，电子显微镜及其显微技术已经成为现代生物科学研究不可缺少的工具和手段。

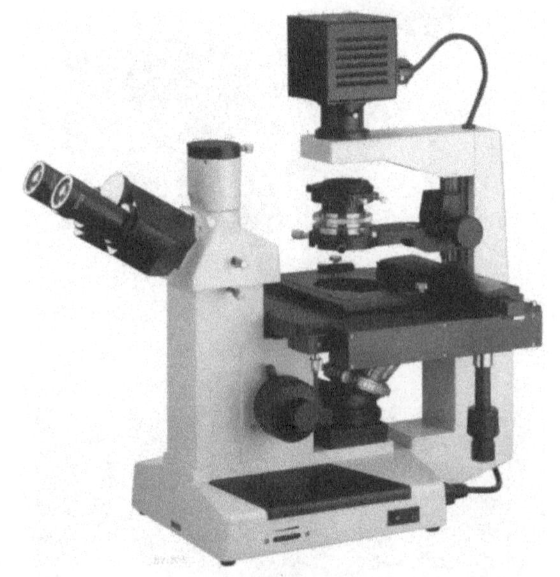

图 1-8　电子显微镜

(1)透射电子显微镜

透射电子显微镜的结构主要包括：电子枪、电磁聚光器、电磁物镜、投影物镜、观察目镜、荧光屏或影像板等。

透射电子显微镜以高速的电子束代替光学显微镜的光束，通过电磁透镜使被检物放大成像。在高真空的电子枪内，在加速电压为 100 kV 时，电子波波长为 0.003 7 nm，其分辨力可达 0.1 nm，比光学显微镜的分辨率提高 2 000 倍。

透射电子显微镜物像的形成，主要是基于电子的散射作用和干涉作用。由电子的散射作用造成的反差以强度的变化显示出来，称为“振幅反差”。在用电子显微镜进行低倍观察时，振幅反差是主要的反差源。人眼不可见的电子束通过电磁透镜放大了被检测物的物像，最终在电子显微镜的荧光屏上呈现。

(2)扫描电子显微镜

扫描电子显微镜的结构主要包括电子枪、电磁镜、电子探测器、放大器、观察荧光屏等。

扫描电子显微镜主要被用于观察被检物样品的表面立体结构，进行表面形貌

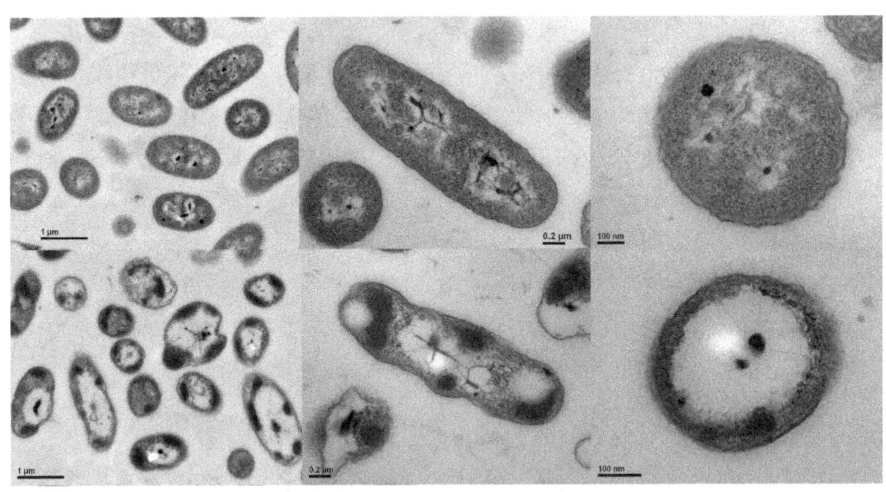

图 1-9　超高压处理后副溶血弧菌的透射电镜图

（上：超高压处理之前；下：超高压处理之后）

观察研究，还能得到关于样品的其他信息，其图像清晰逼真。扫描电镜的分辨力小于 6 nm，其总放大倍数从 20～100 000 倍连续可调。

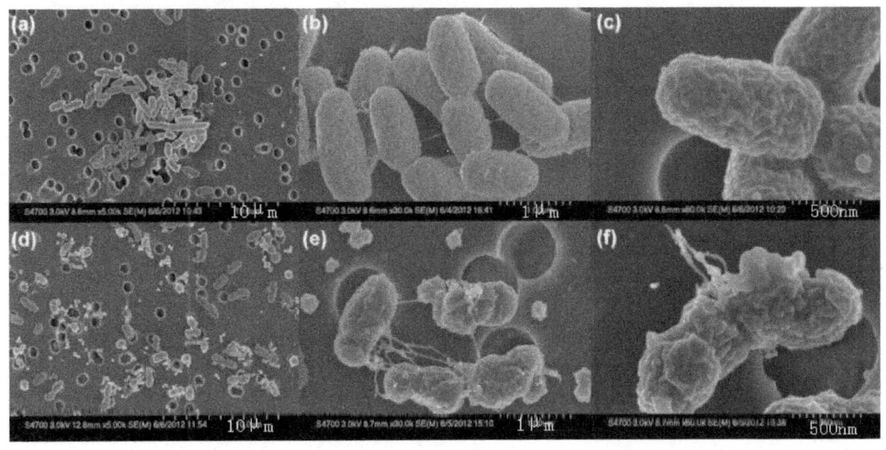

图 1-10　超高压处理后副溶血弧菌的扫描电镜图①

扫描电子显微镜的工作原理与光学显微镜和透射电子显微镜的不同。其成像是由电子枪发出的电子束，被磁透镜汇聚成极细的电子"探针"，在样品表面进行"扫描"，电子束扫到之处样品表面因被激发而放出二次电子并产生许多物理信号。二次电子由探测器收集，并被闪烁器转变成光信号，再经光电倍增管和放大器又变

① 引自 Wang Chung Yi. *Inactivation and morphological damage of Vibrio parahaemolyticus* treated with high hydrostatic pressure, Food Control，2013(32)：348—353。

成电压信号，控制荧光屏上电子束的强度。二次电子产生的多少与样品表面的立体形貌有关，样品上产生二次电子多的地方，在荧光屏上相应的部位就越亮，反之则越暗，最终会得到一幅放大的样品立体图像。由于扫描电镜电子束孔径角极小，故景深比透射电镜大，成像具有很强的立体感。

参考文献

[1] 沈萍，陈向东. 微生物学实验[M]. 4 版. 北京：高等教育出版社，2007.
[2] 赵斌，何绍江. 微生物学实验[M]. 北京：科学出版社，2002.
[3] 杨汝德. 现代工业微生物学实验技术[M]. 北京：科学出版社，2009.

实验二

细菌革兰氏染色技术

一、实验目的

(1)学习微生物涂片、染色的基本技术,掌握细菌的革兰氏染色法。

(2)了解革兰氏染色法的原理及其在细菌分类鉴定中的重要性。

(3)初步认识细菌的形态特征。

二、实验原理

(1)单染色法:只有一种染料着色,只能观察微生物的大小、形状和细胞排列状况,不能鉴别微生物以及它的特殊构造等。由于菌体极小,折光率低,在显微镜下不容易看清,将其染色,使菌体和背景之间反差增大,折光率增强,就容易看清,简单染色法只用一种染料着色。

(2)复染色法:用两种或两种以上染色液进行染色,有协助鉴别微生物的作用,故也称鉴别染色法。

常用的染色方法有:革兰氏染色法、抗酸染色法、芽孢染色法、鞭毛染色法等。

其中革兰氏染色的原理:革兰氏染色法是细菌染色中一种重要的鉴别染色法。通过此法染色,可将细菌鉴别为革兰氏阳性菌和阴性菌两大类。当细菌用结晶紫初染后,像简单染色法一样,所有细菌都被染成初染剂的蓝紫色。碘是媒染剂,它能与结晶紫结合成结晶紫-碘的复合物,从而增强染料与细菌的结合力。当用乙醇(或丙酮)脱色处理时,两类细菌的脱色效果不同。

G^- 菌肽聚糖层较薄,交联度低,含较多脂质,故用乙醇等有机溶剂脱色时类脂质融解,增加了细胞的通透性,使初染的结晶紫-碘的复合物易于渗出,经番红或沙黄复染呈红色。

G^+ 菌细胞壁结构致密,用脱色剂处理后,肽聚糖层孔径缩小,通透性降低,故细菌仍保留初染时的紫色。

三、实验器材

(1)菌种:大肠杆菌(*E. coli*)和金黄色葡萄球菌(*Staphylococcus aureus*)24 h营养琼脂斜面培养物,枯草芽孢杆菌(*Bacillus subtilis*)12～18 h 营养琼脂斜面培养物。

(2)染色液和试剂:草酸铵结晶紫、卢戈氏碘液、95%乙醇、番红液、乙醇-乙醚(3∶7,*V*/*V*)混合液、香柏油、生理盐水。

(3)器材:普通光学显微镜、载玻片、接种针(环)、擦镜纸、酒精灯、吸水滤纸、火柴、玻璃铅笔、玻片夹或镊子等。

四、实验步骤

(一)步骤

1.简单染色法

涂片→干燥→固定→染色→水洗→干燥→镜检。

2.革兰氏染色法

涂片→干燥→固定→结晶紫初染→水洗→碘液媒染→水洗→95%乙醇脱色→水洗→番红复染→水洗→干燥→镜检。

(1)涂片:

①取洁净载玻片1块,用接种环在中央位置滴1～2滴生理盐水,再用接种环以无菌操作的方法分别取少量各菌种分别涂于载玻片的生理盐水中,涂抹成薄膜状。

②三区混合涂片法:在玻片的左右端各加1滴水,用无菌接种环挑少量金黄色葡萄球菌或枯草芽孢杆菌(A菌)与左边水滴充分混合成仅有金黄色葡萄球菌的区域,并将少量的菌液延伸至玻片的中央。再用无菌的接种环挑少量大肠杆菌(B菌)与右边水滴充分混合成仅有大肠杆菌的区域,并将少量大肠杆菌菌液延伸至玻片中央,在中央区域形成含有两种细菌的混合区,如图2-1所示。

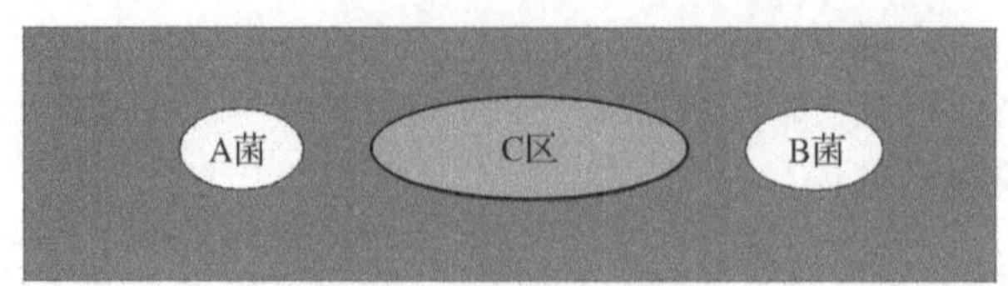

图 2-1 三区涂片法示意

A.金黄色葡萄球菌或其他革兰氏阳性菌 B.大肠杆菌 C.A、B两菌混合区

(2)干燥:室温中自然干燥,或于小火上方烘干。

(3)固定:涂菌面朝上,将载玻片来回通过火焰3次。

(4)初染:在做好的涂面上滴加草酸铵结晶紫染液,染1 min,倾去染液,流水冲洗至无紫色。

(5)媒染:先用新配的卢戈氏碘液冲去残水,而后用其覆盖涂面1 min,后水洗。

(6)脱色:斜置载玻片,滴加95%酒精进行脱色15～20 s,后立即用流水冲洗。

(7)复染:除去残水后,滴加番红或沙黄染色液,染2～3 min,水洗后用吸水纸吸干。

(8)镜检:观察染色结果并绘图。G^{+}菌呈蓝紫色,G^{-}菌呈红色。

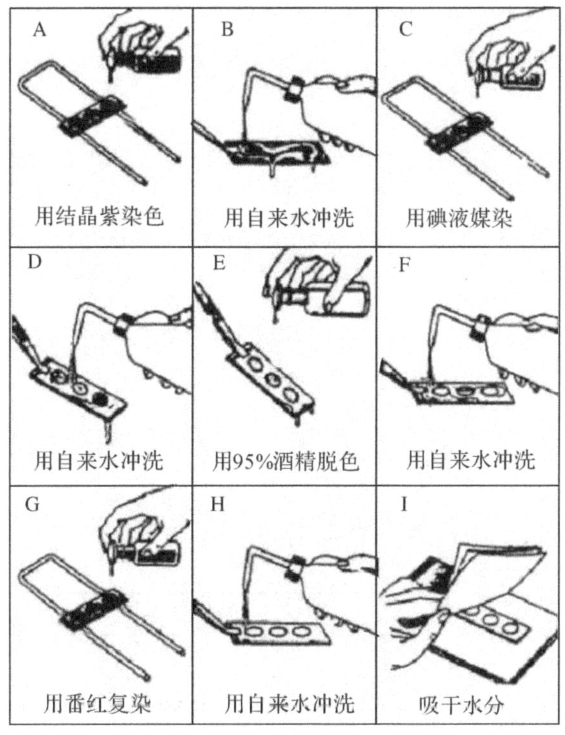

图 2-2 革兰氏染色过程①

3.革兰氏染色的注意事项

(1)涂片不宜过厚,勿使细菌密集重叠影响脱色效果,否则脱色不完全造成假阳性。镜检时应以视野内均匀分散细胞的染色反应为标准。

(2)火焰固定不宜过热,以玻片不烫手为宜,否则菌体细胞易变形。

---

① 引自百度图片:http://image.baidu.com/i? ct=503316480&z=&tn=baiduimagedetail&ipn=d&word=革兰氏染色步骤。

(3)滴加染色液与酒精时一定要覆盖整个菌膜,否则部分菌膜未受处理,亦可造成假象。

(4)乙醇脱色是革兰氏染色操作的关键环节。如脱色过度,则 G^+ 菌被误染成 G^- 菌;而脱色不足,G^- 菌被误染成 G^+ 菌。在染色方法正确无误前提下,如菌龄过长,死亡或细胞壁受损伤的 G^+ 菌也会呈阴性反应,故革兰氏染色要用活跃生长期的幼龄培养菌。

五、实验记录

(1)记录所观察到的三种细菌革兰氏染色结果。

(2)按比例大小绘出显微镜下三种细菌的形态。

结果记录:

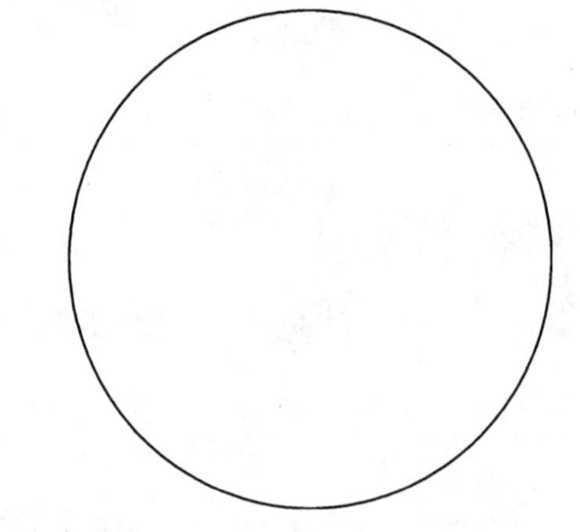

菌名(含拉丁文名称):____________________

观察物镜:__________ 放大倍数:__________

菌体形状:____________________

颜色:__________ 革兰氏阴性/阳性:__________

六、思考题

(1)要得到正确的革兰氏染色结果必须注意哪些操作?关键是哪一步?为什么?

(2)现有一株未知杆菌,个体明显大于大肠杆菌,请你鉴定该菌是革兰氏阳性还是革兰氏阴性,如何确定你的染色结果的正确性?

(3)在下表中依次填入革兰氏染色所用染料的名称,并填上革兰氏阳性和革兰氏阴性菌在每步染色后菌体所呈的颜色。在不影响革兰氏反应的前提下，哪一步可被省略？

步骤	所用染料	菌体所呈颜色	
		革兰氏阳性菌	革兰氏阴性菌
1			
2			
3			
4			

课后阅读

一、荚膜染色技术

(一)实验目的

学习荚膜染色的原理和方法。

(二)实验原理

荚膜是包围在菌体细胞外面的一层黏液性物质，其主要成分为多糖类物质。由于荚膜与染料之间的亲和力弱，不易着色，观察荚膜时多用负染色法或称背景染色法，即将菌体与背景分别染色，将不着色而透明的荚膜衬托出来，所以这种染色法又称为衬托染色法。荚膜很薄，容易收缩，故在制片时不用加热的方法进行固定。

(三)实验器材

(1)菌种：金黄色葡萄球菌。

(2)染色液和试剂：绘图墨水，1%甲基紫水溶液，6%葡萄糖水溶液，甲醇，乙醇-乙醚(3∶7，V/V)混合液。

(3)器材：载玻片、盖玻片、吸水滤纸、显微镜、擦镜纸等。

(四)实验步骤

(1)制混合液：加一滴6%葡萄糖液于洁净载玻片一端，然后用接种环挑取少量菌体与其混合，再加一环墨水，充分均匀。

(2)涂片:取另一块载玻片作为推片,将推片平整的一端的边缘置于混合液前方,然后稍向后拉,当推片与混合液接触后,轻轻左右移动,使之沿推片接触的后缘散开,而后以30°角迅速将菌悬液推向玻片的另一端,使其成匀薄的一层。

(3)干燥:空气中自然干燥。

(4)固定:将涂片浸入纯甲醇中固定1 min。

(5)干燥:在酒精灯上方干燥。

(6)染色:用甲基紫染色1～2 min。

(7)水洗:用自来水轻轻冲洗,自然干燥。

(8)观察:油镜下观察,背景灰色,菌体紫色,菌体周围的清晰透明圈为荚膜。

(五)实验记录

绘图说明你所观察到的细菌的菌体和荚膜的形态。

(六)思考题

(1)为什么荚膜染色中用甲醇固定而不用加热固定?

(2)通过荚膜染色法染色后,为什么被包在荚膜里面的菌体着色而荚膜不着色?

二、芽孢染色技术

(一)实验目的

学习芽孢染色的原理和方法。

(二)实验原理

芽孢又叫内生孢子,是某些细菌生长到一定阶段在菌体内形成的休眠体,通常呈圆形或椭圆形。细菌能否形成芽孢以及芽孢的形状、位置,芽孢囊是否膨大等特征都是鉴定细菌的依据。由于芽孢壁厚、透性差、不易着色,当用结晶紫单染色时,菌体呈紫色,芽孢是无色透明。

芽孢染色法是根据细菌的芽孢和菌体对染料的亲和力不同,用不同的染料进行染色,使芽孢和菌体呈不同的颜色而便于区别。芽孢壁厚、透性低,着色、脱色均较困难,当用弱碱性染料孔雀绿在加热的情况下进行染色时,此染料可以进入菌体及芽孢使其着色,进入菌体的染料可经水洗脱色,而进入芽孢的染料则难以透出。若再用番红复染,则菌体呈红色而芽孢呈绿色。

(三)实验器材

(1)菌种:枯草芽孢杆菌 24 h 肉汁斜面培养物。

(2)试剂和染料:香柏油、乙醇-乙醚(3∶7,V/V)混合液、5%孔雀绿水溶液、0.5%蕃红水溶液。

(3)其他器材:显微镜、擦镜纸、载玻片、接种环、酒精灯、火柴、吸水滤纸等。

(四)实验步骤

(1)制备菌悬液:加 1～2 滴水于小试管中,用接种环挑取 2～3 环菌苔于试管中,搅拌均匀,制成浓的菌悬液。

(2)染色:加 2～3 滴孔雀绿于小试管中,并使其与菌液混合均匀,然后将试管置于沸水浴的烧杯中,加热染色 15～20 min。

(3)涂片固定:用接种环取试管底部菌液数环于干净载玻片上,涂成薄膜,然后将涂片通过火焰 3 次温热固定。

(4)脱色:水洗,直至流出的水无绿色为止。

(5)复染:用蕃红染液染色 2～3 min,倾去染液并用滤纸吸干残液。

(6)镜检:干燥后用油镜观察,芽孢呈绿色,芽孢囊和营养细胞为红色。

注意:所用菌种应掌握菌龄,以大部分细菌已形成芽孢为宜;取菌量不宜太少。

(五)实验记录

绘图说明你所观察到的细菌的菌体和芽孢的形态。

参考文献

[1] 唐丽杰.微生物学实验[M].哈尔滨:哈尔滨工业大学出版社,2005.
[2] 沈萍,陈向东.微生物学实验[M].4 版.北京:高等教育出版社,2007.
[3] 周德庆.微生物学实验教程[M].2 版.北京:高等教育出版社,2002.

实验三

培养基的配制及灭菌技术

一、实验目的

(1)学习掌握各种培养基的配制原理与方法。

(2)掌握高压蒸汽灭菌的操作方法。

二、实验原理

培养基是人工配制的适合于微生物生长繁殖或积累代谢产物的营养基质。其中含有碳源、氮源、无机盐、生长因子及水等,并需调整在一定的酸碱度范围之内。由于微生物种类繁多,营养类型各异,加上实验和研究目的的不同,所以培养基的种类也很多。不同微生物对 pH 要求不同,配制培养基时,要根据不同微生物对 pH 的要求,将培养基的 pH 调至合适的范围。

本实验通过配制适用于细菌生长和分离的牛肉膏蛋白胨培养基,适用于放线菌生长和分离的高氏Ⅰ号培养基,用于霉菌生长和分离的麦芽汁天然培养基,使学生学习和掌握配制常用培养基的基本原理和方法。

灭菌是指杀死一定环境中所有微生物。微生物实验室常用的灭菌方法包括直接灼烧、恒温干燥箱灭菌、高压蒸汽灭菌、间歇灭菌、煮沸灭菌等方法。这些方法的基本原理都是通过加热使微生物体内的蛋白质凝固变性,从而达到杀菌的目的。本实验要求学生学习和掌握培养基高压蒸汽灭菌的原理和操作方法。

三、实验材料及仪器

(一)溶液和试剂

牛肉膏、蛋白胨、葡萄糖、氯化钠、琼脂、1 mol/L 氢氧化钠、1 mol/L 的盐酸、可溶性淀粉、麦芽、硝酸钾、磷酸氢二钾、硫酸镁、硫酸亚铁、磷酸二氢钾、碘液。

(二)材料及器具

烧杯、锥形瓶、培养皿、试管、移液管、漏斗、玻璃棒、量筒、天平、药匙、称量纸、pH 试纸、棉花、牛皮纸、记号笔、麻绳、纱布、恒温水浴锅、电热干燥箱、高压蒸汽灭菌锅、电炉、石棉网、试管架等。

四、实验步骤

(一)牛肉膏蛋白胨培养基的制备

培养基配方：

牛肉膏	3.0 g
蛋白胨	10.0 g
NaCl	5.0 g
水	1000 mL
pH	7.4～7.6

(1)称量：按上述培养基配方比例依次准确地称取牛肉膏、蛋白胨、NaCl 放入烧杯中。牛肉膏用玻棒挑取，放在小烧杯中称量，用热水溶化后倒入烧杯。也可放在称量纸上，称量后直接放入水中，这时如稍微加热，牛肉膏便会与称量纸分离，然后立即取出纸片。蛋白胨很易吸潮，在称取时动作要迅速。另外，称药品时严防药品混杂，一把药匙用于一种药品，或称取一种药品后，洗净、擦干，再称取另一药品。

(2)熔化：上述烧杯中先加入少于所需要的水量，用玻棒搅匀，然后，在石棉网上加热使其溶解。待药品完全溶解后，补充水分到所需的总体积。如果配制固体培养基，将称好的琼脂放入已溶化的药品中，再加热溶化，在琼脂(琼脂用量 1.5%到 2%)溶化的过程中，需不断搅拌，以防琼脂糊底使烧杯破裂。最后补足所失的水分。

(3)调 pH：先用 pH 试纸测量上述定容后的培养基的原始 pH 值，如果 pH 偏酸，用滴管向培养基中逐滴加入 1 mol/LNaOH，边加边搅拌，并随时用 pH 试纸测其 pH 值，直至 pH 达 7.4～7.6。反之，则用 1 mol/LHCl 进行调节。注意 pH 值不要调过头，以避免回调，否则，将会影响培养基内各离子的浓度。

(4)分装：根据实验要求，可将配制的培养基分装入试管或三角烧瓶内。

①液体分装：分装高度以试管高度的 1/4 左右为宜。分装三角瓶的量一般不超过三角瓶容积的 1/2。

②固体分装：装液量不超过试管高度的 1/5，灭菌后摆斜面。分装三角瓶的量同液体分装一样。

③半固体分装：分装试管一般以试管高度的 1/3 为宜，灭菌后垂直放置凝固。

(5)加塞:培养基分装完毕后,在试管口或三角烧瓶口塞上试管塞,以阻止外界微生物进入培养基内而造成污染,并保持良好的通气性能。

(6)包扎:加塞后,将全部试管用麻绳捆扎好,再在试管塞外包一层牛皮纸,以防止灭菌时冷凝水润湿试管塞,其外再用一道麻绳扎好。用记号笔注明培养基名称、组别、日期。三角烧瓶加塞后,外包牛皮纸,用麻绳以活结形式扎好,使用时容易解开,同样用记号笔注明培养基名称、组别、日期。

(7)灭菌:将上述培养基以 1.05 kg/cm^2(15 磅/英寸^2),121.3℃,20 分钟高压蒸汽灭菌。如因特殊情况不能及时灭菌,则应放入冰箱内暂存。

(8)搁置斜面:试管培养基冷却至 50℃左右时,将试管塞端搁在玻棒上,搁置的斜面长度以不超过试管总长的一半为宜。

(9)无菌检查:将完成灭菌的培养基放入 37℃的温室中培养 24—48 小时,以检查灭菌是否彻底。

(二)高氏Ⅰ号培养基的制备

培养基配方:

可溶性淀粉	20 g
NaCl	0.5 g
KNO_3	1 g
$K_2HPO_4 \cdot 3H_2O$	0.5 g
$SO_4 \cdot 7H_2O$	0.5 g
$FeSO_4 \cdot 7H_2O$	0.01 g
琼脂	15～20 g
水	1000 mL
pH	7.4～7.6

(1)称量和溶化。按配方先称取可溶性淀粉,放入小烧杯中,并用少量冷水将其调成糊状,再加入少于所需水量并置于沸水中,继续加热,使可溶性淀粉完全溶化。然后再称取其他各成分,并依次溶化,对微量成分硫酸亚铁可先配成高浓度的贮备液,按比例换算后再加入。待所有试剂完全溶解后,补充水分到所需的总体积。

(2)pH 调节、分装、包扎、灭菌及无菌检查。同上述牛肉膏蛋白胨培养基的制备。

(三)麦芽汁培养基的制备

培养基配方:

麦芽汁	100 mL
琼脂	2 g
pH	自然(约 6.4)

(1)大麦芽的糖化。称取大麦芽 100 g,粉碎,加入 400 mL 60℃左右的热水。置于 55～60℃的水浴锅中,保温使其自行糖化 3～4 小时。间歇搅拌,直至无淀粉反应为止(取上述少许溶液加入碘液 2 滴,如无蓝紫色出现,即糖化完全)。

(2)麦芽汁的制备。上述麦芽糖化液用纱布过滤,除去残渣,煮沸后再反复用脱脂棉或滤纸过滤,即得澄清麦芽汁(350～400 mL,15～18Bé)。加水稀释成约 10Bé 的麦芽汁。

(3)麦芽汁培养基的制备。按配方量取麦芽汁,加入琼脂,加热溶解,待完全溶解后,加水到所需体积。

(四)培养基的高压蒸汽灭菌

高压蒸汽灭菌是最常用的灭菌方法,其在高压蒸汽灭菌锅中进行。实验室采用的有全自动或非自动卧式高压蒸汽灭菌锅,也有手提式小型灭菌锅。现以手提式灭菌锅为例,介绍高压蒸汽灭菌的操作方法。其步骤为:

(1)取出内层锅,加水入外层锅内,水面与搁架相平即可。

(2)放回内层锅,装入待灭菌物品,上面遮一张防水纸。

(3)盖上锅盖时,将排气管插入内层锅的排气槽内,以对称方式旋紧螺栓。

(4)打开排气阀,通电加热使水沸腾并排气。待锅内冷空气完全排尽,关上排气阀,使温度随蒸汽压力增高而上升。

(5)待锅内蒸汽压升至所需压力时,控制热源,维持此压力至所需时间。

(6)切断电源,使锅内温度自然下降。待压力降至“0”时,打开排气阀,旋松螺栓,打开锅盖,取出灭菌物品。

五、思考题

(1) 培养基配制好后,为什么必须立即灭菌?

(2) 在配制培养基的操作过程中应注意哪些问题,为什么?

(3) 你配制的高氏Ⅰ号培养基有沉淀产生吗?说明产生或未产生的原因。

(4) 怎样检查麦芽汁培养基是否完全糖化?

参考文献

[1] 刘志恒.现代微生物学[M].北京:科学出版社,2002.

[2] 沈萍.范秀容,李广武.微生物学实验[M].3 版.北京:高等教育出版社,1999.

[3] 杨文博.微生物学实验[M].北京:化学工业出版社,2004.

[4] 黄秀梨.微生物学实验指导[M].北京:高等教育出版社,1999.

课后阅读

传统的高温杀菌，例如高温短时杀菌、高温瞬时杀菌等，原理都是通过高温杀灭微生物。但是高温处理会造成一部分热敏性营养成分被破坏。另外杀菌后，死亡的菌体还残留在体系中，可能造成不利影响。因此微孔滤膜过滤技术逐渐成为一项常用的除菌方法。使用时可根据需要，选用不同的滤膜。目前微孔滤膜的种类主要有。

(1)再生纤维素膜。天然纤维素经化学处理后重新成形，化学本质仍为多糖类物质。能耐受热压灭菌的高温，可经受各种有机溶剂的处理，不能在水介质中使用。在必须处理少量含水过滤液时，为防止过度膨胀，应先将膜置于滤器中用酒精抽紧再用，可减少变形。

(2)纤维素酯膜。是目前使用最多的一类微孔滤膜，性能优良，成本较低。能耐受热压灭菌，亲水性强，孔径均匀。主要有以下三类：

①醋酸纤维素膜。不吸附蛋白质、核酸等生物分子，滤速好，膜的贮藏和使用安全。

②硝酸纤维素膜。可耐受各种烃类、高级醇、氯化烃(除氯甲烷以外)的处理。在中等离子强度的条件下(如 0.15 mol/L)能结合单链 DNA。

③混合纤维素酯膜。是醋酸纤维素和硝酸纤维素的混合膜，能耐受稀酸、稀碱、醚类、醇类、烃类及非极性氯代烃等，还可过滤－200℃的超低温液体，不能在冰乙酸、乙酸乙酯及丙酮介质中操作。能结合 DNA 双链及蛋白质与 DNA 的复合物。

(3)聚四氟乙烯膜。化学性质极为稳定，可耐受强酸、强碱、强氧化剂、各种腐蚀性液体和各种有机溶剂，工作温度范围也大，为－180～250℃。

(4)聚氯乙烯膜。物理、化学稳定性及憎水性均不及聚四氟乙烯膜，能耐受较强的酸和碱，不耐高温，工作温度不能超过 65℃。消毒只能使用酒精、2%～3%甲醛、0.1%硫柳汞等。

(5)超细玻璃纤维滤膜。由玻璃纤维、玻璃粉经聚丙烯酸胶黏剂黏结而成，多用于处理气体介质，亦称为“空气超净过滤纸”。该类膜化学稳定性好，除氢氟酸及强碱外，能耐受各种化学试剂和有机溶剂，也不吸收空气中的水分，自身重量稳定性好，光学透过性亦佳，在许多有机溶剂中呈完全透明态。超细玻璃纤维滤膜的流速比一般微孔膜大，对颗粒的截留量也比微孔滤膜大，可以阻留 98%以上比额定截留值大的颗粒。但截留分辨率不如微孔滤膜，故常与微孔滤膜配合使用，以提高过滤效率并延长微孔滤膜的使用寿命。广泛用于净化空气，也用于过滤光学测定溶液中的干扰颗粒(如圆二色谱分析及拉曼光谱分析)。在药物代谢或其他微量测定中，常用于收集细胞或沉淀，比离心法方便、可靠。超细玻璃纤维滤膜在收集同位素标记的生物高分子样品来测定软 β-射线方面也表现出相当的优越性，在核酸研究领域可代替混合纤维素酯膜进行操作。

总体而言，微孔滤膜具备诸多优点：①设备简单，只需要微孔滤膜和一般过滤装置便可进行工作；②操作简单、快速，适于同时处理多个样品；③分离效率高，重现性好。因膜孔径比超滤膜大，流速大大加快，且可在同一片微孔膜上进行分离、洗涤、干燥、测定等操作，所以不会因样品转移而导致损失；④一些微孔滤膜具有结合生物大分子的特殊能力，根据这种选择结合作用建立的相应的结合测试分析方法，已经应用于基因工程等许多领域。

实验四

细菌的分离接种培养及菌落形态观察

一、实验目的

(1)初步掌握微生物的分离、接种和培养的基本方法。

(2)练习微生物接种、移植和培养的基本技术,掌握无菌操作技术。

二、实验原理

微生物接种技术是生物科学研究中最基本的操作技术。由于实验目的、培养基种类及容器等不同,为获得生长良好的纯种微生物所用接种方法有所不同,如斜面接种、液体接种、固体接种和穿刺接种等。微生物接种必须在一个无杂菌污染的环境中进行严格的无菌操作;同时,因接种方法的不同,常需采用不同的接种工具,如接种针、接种环、移液管和玻璃涂棒等。

三、实验器材

(一)菌种

大肠杆菌(*E. coli*)和柠檬色葡萄球菌(*Staphylococcus aureus*)24 h 营养琼脂斜面培养物,枯草芽孢杆菌(*Bacillus subtilis*)12～18 h 营养琼脂斜面培养物。

(二)培养基

灭菌的牛肉膏蛋白胨液体培养基、牛肉膏蛋白胨半固体培养基、牛肉膏蛋白胨固体培养基。

(三)其他

无菌培养皿、无菌吸管、记号笔、接种环、接种针、酒精灯、火柴。

四、实验步骤

(一)接种

常用的接种方法有斜面接种法、平板接种法、液体接种法及试管半固体培养基的穿刺接种法。

常用的接种工具有接种针、接种环、接种钩、接种圈、接种铲或接种锄、玻璃涂棒等(见图 4-1)。

将各细菌接种至液体培养基、半固体培养基及固体斜面有不同的操作步骤。

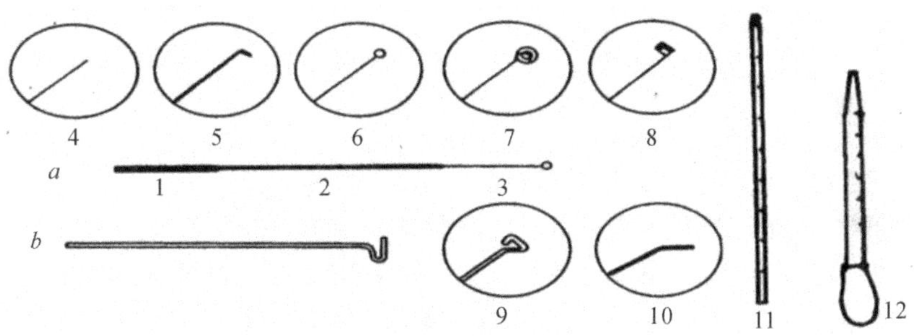

图 4-1 常用微生物的接种工具

a. 接种环 1. 塑料套 2. 铝柄 3. 镍铬丝 4. 接种针 5. 接种钩 6. 接种环 7. 接种圈 8. 接种锄 b. 玻璃刮铲 9. 三角形刮铲 10. 平刮铲 11. 移液管 12. 滴管

1. 试管菌种接种至液体培养基

(1)将菌种试管与待接种的试管培养基依次排列,挟于左手的拇指与食指之间,用右手的中指与食指或食指与小指拔出试管塞并挟出。

(2)置试管口于酒精火焰附近。

(3)将接种工具垂直插入酒精火焰中烧红,再横过火焰三次,然后放入有菌试管壁内,于无菌的培养基表面待其冷却。

(4)用接种环取少许菌种置于另一支液体培养基的试管中,在液体表面处的管内壁上轻轻摩擦以及晃动接种环,使菌体分散并从环上脱开,进入液体培养基。

(5)取出接种工具,试管口和试管塞进行火焰灭菌。

(6)重新塞上试管塞。

(7)摇动液体培养基试管,使菌体在培养液中分布均匀。

(8)烧死接种工具上残留余菌,把试管和接种环放回原处。

2. 试管菌种接至半固体培养基

试管半固体培养基利用穿刺接种,用接种针下端取菌种(针必须挺直),自半固体培养基的中心垂直刺入半固体培养基中，直至接近试管底部，但不要穿透，然后沿原穿刺线退出，塞上试管塞，烧灼接种针，如图 4-2 所示。整个过程无菌操作。

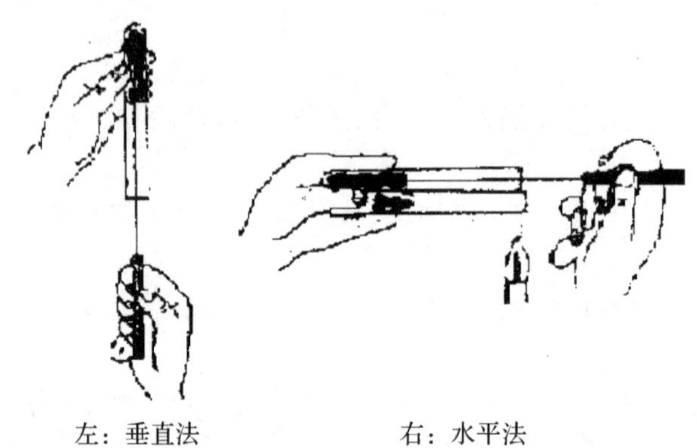

左：垂直法　　　　右：水平法

图 4-2　穿刺接种

3.试管菌种接种至固体培养基(图 4-3)

(1)斜面接种。

①手持试管:将菌种和待接斜面的两支试管用大拇指和其他四指握在左手中，使中指位于两试管之间部位。斜面向上，并使它们位于水平位置。

②放松试管塞:右手将试管塞旋松，以便接种时拔出。

③取接种环:右手拿接种环，在火焰上将环端烧红灭菌，然后将有可能伸入试管的其余部分均用火烧过灭菌。

④拔试管塞:用右手的无名指、小指和手掌边先后拔出菌种管和待接试管的试管塞，然后让试管口缓缓过火灭菌。

⑤环冷却:将灼烧过的接种环伸入菌种管，先使环接触没有长菌的培养基部分，使其冷却。

⑥取菌种:待环冷却后轻轻沾取少量的菌或孢子，然后将接种环移出接种管，注意不要使环的部分碰到管壁，取出后不可使环通过火焰。

⑦接种:在火焰旁边迅速将沾有菌种的接种环伸入另一支待接斜面试管。从斜面培养基的底部向上部作"Z"形来回密集划线，不要划破培养基，也可以用接种针在斜面培养基的中央拉一条线作斜面接种，以便观察菌种的生长特点。

⑧塞试管塞:取出接种环，灼烧试管口，并在火焰旁将试管塞塞上。塞试管塞时，不要用试管迎试管塞。

⑨环灭菌:将接种环烧红灭菌。放下接种环，再将试管塞旋紧。

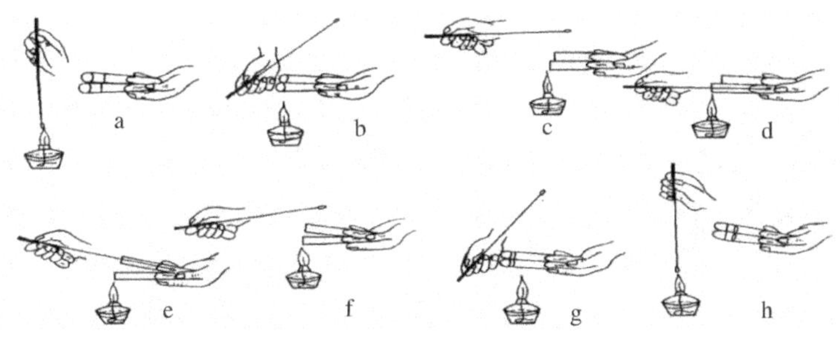

图 4-3 斜面接种时的无菌操作①

(2)平板接种。操作步骤与 4.2 中微生物的平板划线分离法相同。

(二)分离

分离微生物的方法有很多,其目的都是把混杂的微生物分离为单个细胞使其生长繁殖,形成单个菌落,以便得到纯菌种。

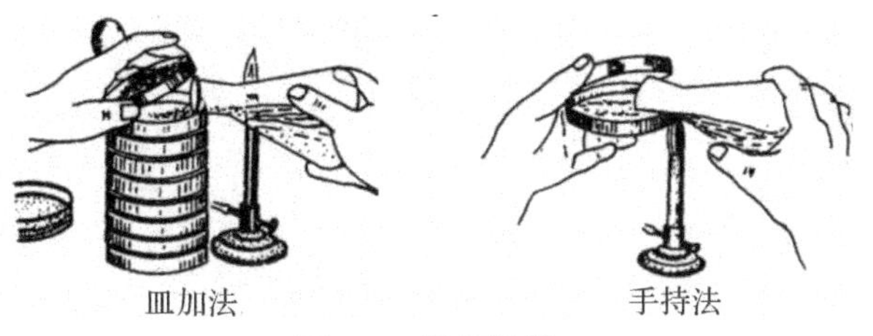

图 4-4 倒平板②

1.倒平板的方法

右手持盛培养基的三角烧瓶置火焰旁边,用左手将瓶塞拔出,瓶口保持对着火焰;然后用右手手掌边缘或小指与无名指夹住瓶塞(也可将瓶塞放在左手边缘或小指与无名指之间夹住。如果三角烧瓶内的培养基一次用完,瓶塞则不必夹在手中)。左手持培养皿并将皿盖在火焰旁打开一缝,迅速倒入培养基约 15 mL,加盖后轻轻摇动培养皿,使培养基均匀分布在培养皿底部,然后平置于桌面上,待凝固后即为平板。

2.划线的方法

平板凝固后,用接种环取相应的菌苔一环在平板上划线。

(1)连续划线法:将挑取样品的接种环在平板培养基表面作连续划线,如图 4-5 左所示。

---

① 引自百度图库 http://image.baidu.com/i?ct=503316480&z=&tn=baiduimagedetail&ipn=d&word=斜面接种时的无菌操作。

② 引自沈萍等《微生物学实验》第 3 版。

(2)三区划线法:用接种环以无菌操作挑取菌种 1 环,先在培养基的第一区(约占整个平板面积的一半)作第一次连续划线,再转动培养皿约 60°角,并将接种环上残余物烧掉,待冷却后通过第一次划线部分作第二次划线,然后作第三次划线,如图 4-5 中所示。划线完毕,盖上皿盖,倒置于培养箱培养。

(3)分区划线法:将挑取样品的接种环先在培养基上划一条线,将接种环上残余物烧掉,转动培养皿从第一条线上连续划 4～6 条线,再将接种环上残余物烧掉,转动培养皿从第二次划的线上划过连续划 4～6 条线,依次类推,直至划满平皿为止,如图 4-5 右所示。

挑取单个菌落接种于斜面培养基上,如果不纯,再移植纯化,最后得到纯培养。

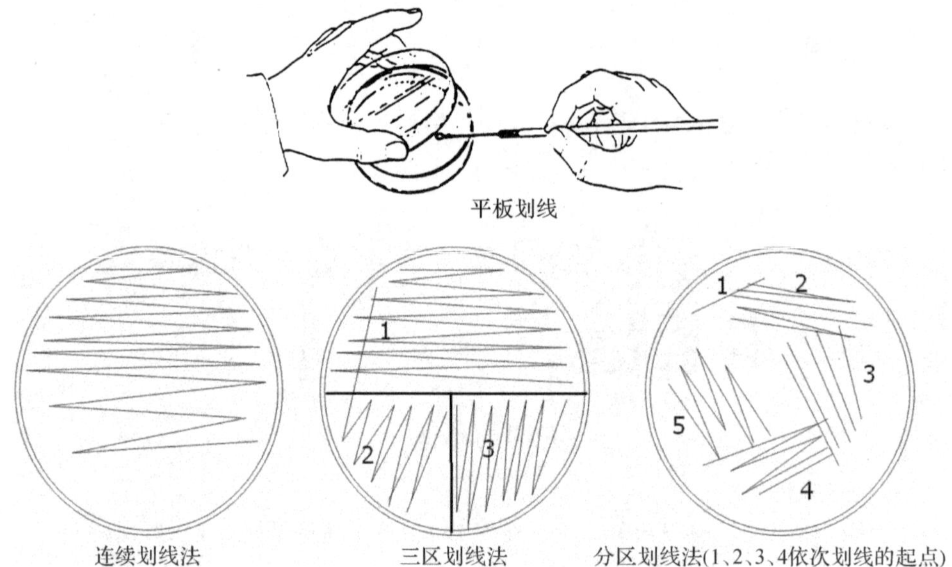

图 4-5　平板划线分离的划线方法

(三)培养

(1)将接种的细菌培养基放在 32～37℃恒温箱内培养 24 h 后用于观察。

(2)平板培养基置于恒温箱内倒置培养。

(3)细菌的培养特征如图 4-6 所示。

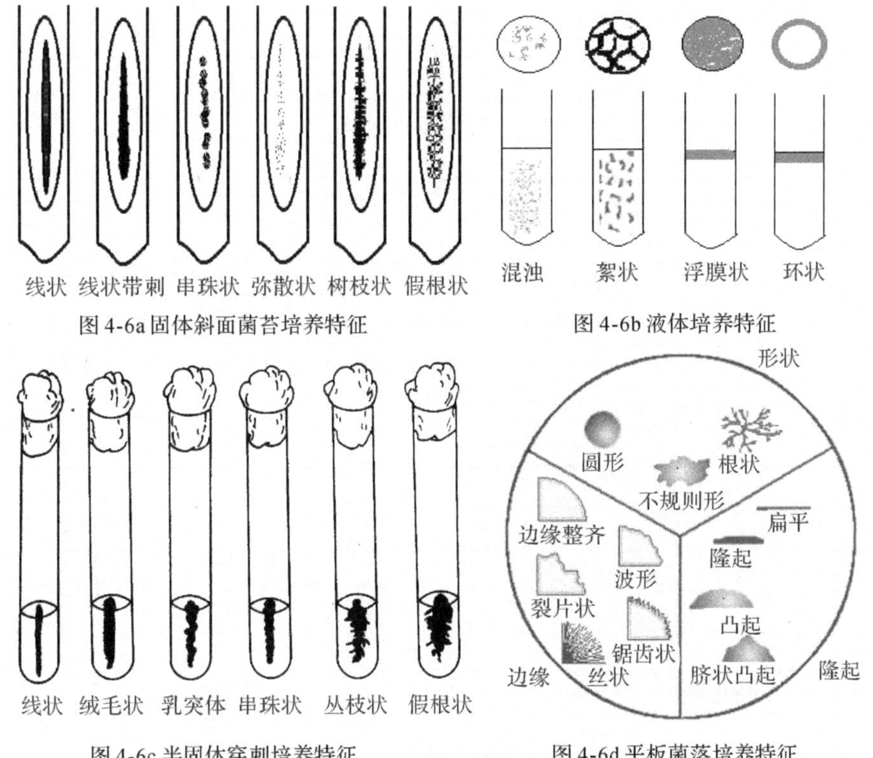

图 4-6a 固体斜面菌苔培养特征

图 4-6b 液体培养特征

图 4-6c 半固体穿刺培养特征

图 4-6d 平板菌落培养特征

图 4-6 细菌的培养特征

五、实验记录

(1)固体平板培养基上的培养特征表

特征＼菌名	大肠杆菌	金黄色葡萄球菌	枯草芽孢杆菌
大小			
颜色			
形状			
质地			
隆起度			
边缘			
表面形态			
透明度			

(2)固体斜面培养基上的培养特征表

特征＼菌名	大肠杆菌	金黄色葡萄球菌	枯草芽孢杆菌
生长程度			
菌苔形状			
菌苔隆起度			
透明度			
表面形态			
质地			
颜色			

(3)半固体培养基中的培养特征表。

特征＼菌名	大肠杆菌	金黄色葡萄球菌	枯草芽孢杆菌
生长程度			
沿穿刺线生长形状			

(4)液体培养基中的培养特征表。

特征＼菌名	大肠杆菌	金黄色葡萄球菌	枯草芽孢杆菌
菌落分布形态			

六、思考题

(1)平板菌落计数法中,为什么熔化后的培养基需要冷却至45℃左右才能倒平板?

(2)当平板上长出的菌落不是均匀分散的,而是集中在一起时,你认为问题出在哪里?

参考文献

[1]沈萍,陈向东.微生物学实验[M].4版.北京:高等教育出版社,2007.

参考资料

[1] 袁勇军.应用基础生物实验技术.浙江万里学院.

实验五

放线菌的培养技术及形态观察

一、实验目的

(1)进一步学习并掌握光学显微镜低倍镜和高倍镜的使用方法。

(2)了解并观察放线菌的形态特征。

二、实验原理

放线菌是指能形成分枝丝状体或者菌丝体的一类革兰氏阳性菌,常见的放线菌大多能形成菌丝体,紧贴培养基表面或深入培养基内生长的叫基内菌丝(简称基丝),基丝长到一定程度还能向空气中生长出气生菌丝(简称气丝),并进一步分化产生孢子丝以及孢子。有的放线菌只产生基丝而无气丝。能否产生菌丝体及由菌丝体分化产生的各种形态特征是放线菌分类鉴定的重要依据。

观察放线菌的形态特征常用插片法、玻璃纸法和印片法。

三、实验器材

(1)菌种:放线菌(灰色链霉菌,*Streptomyces griseus*)3~5 d培养物。

(2)试剂和培养基:0.1%美兰染色液、高氏Ⅰ号琼脂培养基。

(3)仪器或其他用具:灭菌的平皿、灭菌盖玻片、载玻片、接种环、接种铲、镊子、显微镜、擦镜纸、双层瓶等。

四、实验步骤

插片法观察放线菌的形态。

(1)接种:用接种环挑取菌种斜面培养物接种到斜面试管培养基中。

(2)培养:28℃培养 3~5 d。

(3)倒平板:取高氏Ⅰ号琼脂培养基融化并冷却至约 50℃后倒平板,凝固待用。

(4)接种:用接种环挑取斜面培养物(孢子)在平板上划线接种。

(5)插片:以无菌操作用镊子将灭菌的盖玻片以 45°角插入琼脂内(插在接种线上),如图 5-1,插片数量根据需要而定。

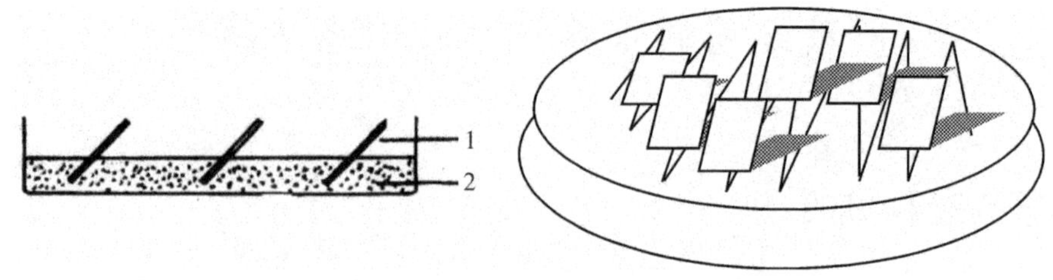

图 5-1 插片法观察放线菌

1—盖玻片 2—培养基 左:侧面 右:正面

(6)培养:倒置 28℃培养 3～5 d。

(7)镜检:用镊子小心拔出一片盖玻片,擦去背面培养物,然后将有菌的一面朝上放于载玻片上,干燥、固定,用 0.1%美兰染色 1 min,观察时用暗光,先低倍镜后高倍镜,最后用油镜观察。

五、实验记录

观察放线菌的基内菌丝、气生菌丝有何差别,孢子丝有何特征,并绘图说明。

六、思考题

(1)放线菌与细菌的菌落有何不同?

(2)镜检时如何区分放线菌的基内菌丝和气生菌丝?

参考文献

[1] 肖明,王雨净.微生物学实验[M].北京:科学出版社, 2008.

[2] 沈萍,范秀容,李广武.微生物学实验[M]. 3 版.北京:高等教育出版社,1999.

[3] 熊元林.微生物学实验[M].武汉:华中师范大学出版社, 2008.

实验六

酵母菌的培养、形态观察与计数

一、实验目的

(1)进一步学习并掌握光学显微镜低倍镜和高倍镜的使用方法。

(2)观察并掌握酵母菌的细胞形态。

(3)学习并掌握鉴别酵母菌细胞死活的方法和原理。

(4)学习并掌握血球计数板计数的原理。

(5)掌握利用血球计数板进行微生物计数的方法。

二、实验原理

酵母菌:酵母菌细胞一般呈卵圆形、圆形、圆柱形或柠檬形。酵母细胞核与细胞质有明显的分化,个体直径比细菌大几倍到十几倍。繁殖方式也较复杂,无性繁殖主要是出芽生殖,有些酵母能形成假菌丝。有性繁殖是通过接合形成子囊及子囊孢子。

(一)美蓝鉴别酵母菌死活细胞原理

美蓝是一种弱氧化剂,氧化态呈蓝色,还原态呈无色。用美蓝对酵母细胞进行染色时,活细胞由于细胞的新陈代谢作用,细胞内具有较强的还原能力,能将美蓝由蓝色的氧化态转变为无色的还原态,从而细胞呈无色;而死细胞或代谢作用微弱的衰老细胞则由于细胞内还原力较弱而不具备这种能力,从而细胞呈蓝色,据此可对酵母菌的细胞死活进行鉴别。

(二)血球计数板计数原理

利用血球计数板在显微镜下直接计数,是一种常用的微生物计数方法。该方法是将菌悬液放在血球计数板与盖玻片之间容积一定的计数室中,在显微镜下进行计数,然后根据计数结果计算单位体积内的微生物总数目。

血球计数板是一块特制的载玻片,其上由 4 条槽构成 3 个平台。中间较宽的平台又被一短横槽隔成两半，每一边的平台上各刻有一个方格网，每个方格网共分为 9 个大方格，中间的大方格即为计数室。计数室的边长为 1 mm，中间平台下陷 0.1 mm，故盖上盖玻片后计数室的容积为 0.1 mm^3。血球计数板的构造如图 6-1。

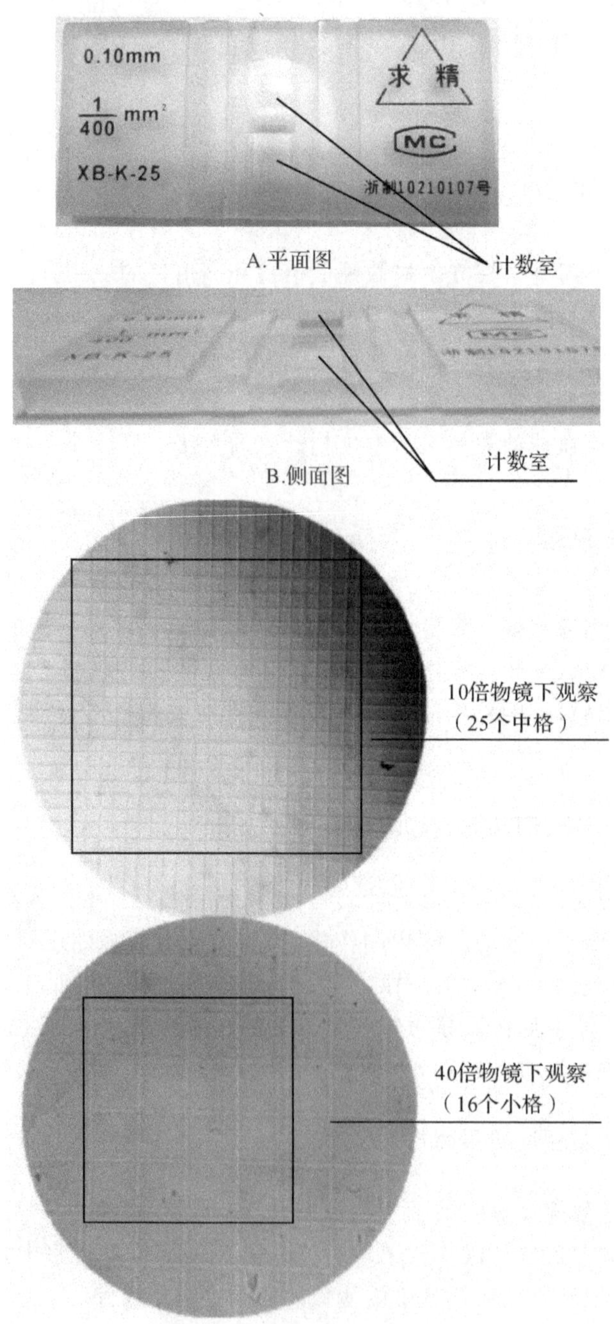

图 6-1　血球计数板的构造

计数时，通常数 5 个中方格的总菌数，再换算成 1 mL 菌液中的总菌数。

三、实验器材

(1)材料：酿酒酵母(*Saccharomyces cerevisiae*)24～28 h 液体培养物。

(2)试剂：0.1％吕氏碱性美兰染色液、0.05％吕氏碱性美兰染液、乙醇-乙醚(3∶7,*V*/*V*)混合液。

(3)仪器：显微镜、擦镜纸、载玻片、血球计数板、盖玻片、接种环、酒精灯、镊子、计数器、电吹风等。

四、实验步骤

(一)美蓝染色观察酵母细胞形态和死活细胞的鉴别

(1)染色：在干净的载玻片中央加一小滴 0.1％美蓝染色液，然后再加一小滴预先稀释至适宜浓度的酿酒酵母液体培养物，混匀后从侧面盖上盖玻片，并吸去多余的水分和染色液(注意染色液和菌液不宜过多或过少，应基本等量，且要混匀)。

(2)镜检：将制好的染色片置于显微镜的载物台上，放置约 3 min 后进行镜检，先用低倍镜，后用高倍镜进行观察，根据细胞颜色区分死细胞(蓝色)和活细胞(无色)，并进行记录。

(3)比较：染色约 30 min 后再次进行观察，注意死细胞数量是否增加。

(4)用 0.05％吕氏碱性美兰染液重复上述操作。

(二)酵母细胞计数

(1)菌悬液的制备：以无菌生理盐水将酿酒酵母培养物制成浓度适当的菌悬液。

(2)加样品：将清洁干燥的血球计数板盖上盖玻片，再用无菌的毛细滴管将摇匀的酵母菌悬液由盖玻片边缘滴一小滴，让菌液沿缝隙靠毛细作用自动进入计数室(注意取样前要摇匀菌液，加样时计数室不可有气泡产生)。

(3)找计数室：加样后静止 5 min，然后将血球计数板置于显微镜载物台上，先用低倍镜找到计数室所在位置，然后换成高倍镜进行计数(注意调节显微镜光线强弱，使菌体和计数室线条清晰)。

(4)显微镜计数：取左上、右上、左下、右下和中央 5 个中方格进行计数。位于中方格边线上的菌体一般只计上边和右边线上的(或只计左边和下边线上的)。如遇到酵母出芽，芽体大小达到母细胞一半以上时，即作为两个菌体计数。计数一个样品要从上下两个计数室中得到的平均数值来计算样品的含菌量。

计数公式：

①1 mL 酵母菌液中的总菌数$=5\overline{A}B\times10^4$(个)

其中$\overline{A}$为两计数室五个中方格总菌数的平均值,B为菌液稀释倍数。

②出芽率(%)=出芽细胞数/总菌数×100%

(5)清洗血球计数板:使用完毕后,将血球计数板在水龙头上用水冲洗干净,切勿用硬物洗刷,洗完后自行晾干或用吹风机吹干。镜检,观察计数室内是否有残留菌体或其他沉淀物。若不干净,则必须重复洗涤至干净为止,吹干放回盒内。

五、实验记录

(一)酵母菌细胞形态的描绘

结果记录:图示美蓝染色结果,计算酵母菌死亡率,注明菌名与放大倍数。

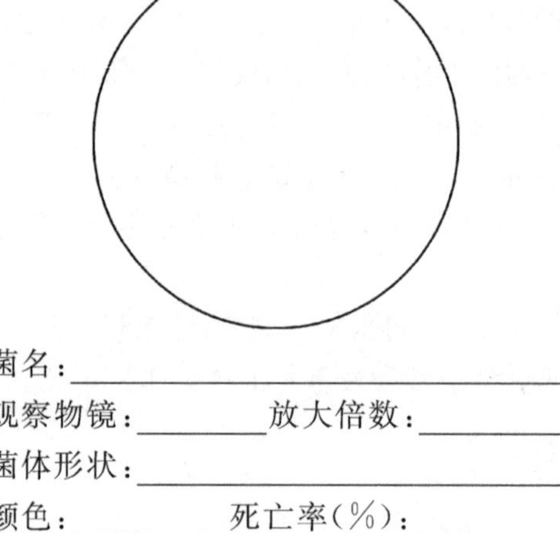

菌名:______________________

观察物镜:________ 放大倍数:________

菌体形状:______________________

颜色:________ 死亡率(%):________

(二)酵母细胞计数

将计数结果记录于表6-1、表6-2中,并用计数公式计算该菌液浓度和酵母细胞出芽率。

表 6-1 用血细胞计数板对酵母菌悬液计数结果

	五个计数中方格的菌数					A	两室平均值 $\overline{A}$	稀释倍数 B	菌数 个/mL
	左上	左下	右上	右下	中				
第一室									
第二室									

表 6-2 酵母菌出芽率

	五个计数中方格的出芽菌数					A	两室平均值 $\overline{A}$	稀释倍数 B	出芽菌数 个/mL	出芽率 (%)
	左上	左下	右上	右下	中					
第一室										
第二室										

六、思考题

(1)吕氏碱性美蓝染液浓度和作用时间的不同,对酵母菌死细胞数量有何影响?请分析其原因。

(2)能否用血球计数板在油镜下对细菌进行计数?为什么?

课后阅读

酵母菌子囊孢子的观察方法

酵母菌的有性繁殖一般产生子囊孢子,子囊孢子的形成与否及其数量和形状,是鉴定酵母菌的依据之一。在酵母菌的生活史中存在着单倍体阶段和双倍体阶段,这两个阶段的长短因菌种不同而有差异。在一般情况下,它们都持续地以出芽方式进行生长繁殖。但是如果将双倍体细胞移到适宜的产孢培养基上,其染色体就会发生减数分裂,形成含 4 个子核的细胞,原来的双倍体细胞即为子囊,而 4 个子核最终发展成子囊孢子。将单倍体的子囊逐个分离出来,经无性繁殖后即成为单倍体细胞。

(一)子囊孢子的培养

将酿酒酵母用新鲜麦芽汁琼脂斜面活化 2～3 代后,转接玉麦氏斜面培养基上,于 25～28℃培养 5～7 d,可形成子囊孢子。

(二)制片与染色

在载玻片上滴一滴蒸馏水,取少许子囊孢子培养物于水滴中制成涂片,干燥固定后滴加孔雀绿染色液染色 1 min,弃去染液,用 95%乙醇脱色 30 s,水洗,最后加沙黄液染色 30 s,水洗,用吸水纸吸干。

(三)镜检

用油镜观察,子囊孢子呈绿色,菌体和子囊呈粉红色。也可以不经染色直接制水浸片观察。水浸片中的酵母菌的子囊为圆形大细胞,内有 2～4 个圆形小细胞即为子囊孢子。

参考文献

[1] 赵斌,何绍江.微生物学实验[M].北京:科学出版社,2002.
[2] 杨革.微生物学实验教程[M].北京:科学出版社,2004.
[3] 沈萍,范秀容,李广武.微生物学实验[M].3 版.北京:高等教育出版社,1999.

实验七

霉菌的培养与形态观察

一、实验目的

(1)学习并掌握观察霉菌形态的基本方法。

(2)了解常见霉菌(根霉、毛霉、曲霉、青霉)的基本形态特征。

(3)学习掌握霉菌染色的基本方法。

二、实验原理

霉菌菌丝比较粗大(菌丝和孢子的直径达到 3～10 μm),通常是细菌菌体宽度的几倍至几十倍,因而可用低倍、高倍镜观察。霉菌菌丝细胞容易收缩变形,孢子容易飞扬,在制备霉菌标本时,常用乳酸石炭酸棉蓝溶液作为介质,具有防止孢子飞散、保持细胞形态、可杀菌防腐、不易干燥的作用,能保持较长时间等优点。同时棉蓝又具有一定的染色效果。

三、实验器材

(1)菌种:根霉(*Rhizopus* sp.)、毛霉(*Mucor* sp.)、曲霉(*Aspergillus* sp.)3 天马铃薯琼脂平板培养物,青霉(*Penicillium* sp.)5 天马铃薯琼脂平板培养物。

(2)试剂:乳酸石炭酸棉蓝染液、50%酒精、乙醇 乙醚(3∶7,V/V)混合液等。

(3)仪器:显微镜、载玻片、接种环、解剖针、解剖刀、回形针、酒精灯、火柴、镊子等。

四、实验步骤

(一)直接制片观察法

滴一滴乳酸石炭酸棉蓝染液于载玻片上,用解剖刀取菌丝,在 50%乙醇中浸泡一下,然后置于染液中,用解剖刀和回形针小心将菌丝分开,去掉培养基,盖上盖玻片,用低倍镜和高倍镜镜检。

(二)透明胶带法

(1)滴一滴乳酸石炭酸棉蓝染液于载玻片上。

(2)用食指与拇指粘在一段透明胶带两端,使透明胶带呈 U 形,胶面朝下。

(3)将透明胶带胶面轻轻触及霉菌菌落表面。

(4)将粘在透明胶带上的菌体浸入载玻片上的乳酸石炭酸棉蓝染色液中并将透明胶带两端固定在载玻片两端,用低倍镜和高倍镜镜检。

(三)载玻片湿室培养观察法

(1)准备湿室:在培养皿底部铺一张圆形滤纸片,滤纸片上依次放上 U 形载玻片搁架、载玻片、盖玻片(两片),盖上皿盖,外用纸包扎,高压灭菌(9.8×10^4 Pa)20 min后,60℃烘箱干燥,备用。

(2)取菌接种:用接种环挑取少量待观察的霉菌孢子,置于湿室的载玻片上,每张载玻片可接同一菌种的孢子两处。接种时只要将带菌的接种环在载玻片上轻轻碰几下即可。

注意:接种量要少,以免培养后菌丝过于稠密而影响观察。

(3)加培养基:用无菌细口滴管吸取少许融化并冷却至 45℃的培养基,滴加到载玻片的接种处,培养基应滴得圆而薄,直径约为 0.5 cm(滴加量一般以 1/2 小滴为宜),注意无菌操作。

(4)加盖玻片:在培养基未彻底凝固前,用无菌镊子将皿内的盖玻片盖在琼脂薄层上,用镊子轻压盖玻片,使盖玻片和载玻片之间的距离相当接近,但不能压扁。

注意:盖玻片不能紧贴载玻片,要彼此留有小缝隙,一是为了通气,二是使各部分结构平行排列,易于观察。

(5)倒保湿剂:每皿倒入约 3 mL 20%的无菌甘油,使皿内滤纸完全湿润,以保持皿内湿度,盖上皿盖。制成载玻片湿室,28℃培养。

(6)观察:将培养好的载玻片取出,置于显微镜下直接观察。

五、实验记录

绘图表示黑曲霉、根霉、青霉、毛霉的形态特征,并准确标准菌体的各部分名称。

(1)观察根霉时,注意观察其菌丝有无横隔、假根、孢子囊柄、孢子囊、囊轴、囊托、孢子囊孢子及厚垣孢子。

(2)观察毛霉时,注意观察其菌丝有无横隔、孢子囊柄、囊轴、孢子囊孢子及厚垣孢子。

（3）观察曲霉时，注意观察其菌丝有横隔、足细胞、分生孢子梗、顶囊、小梗（形状、层数及着生情况）、分生孢子。

（4）观察青霉时，注意观察其菌丝有横隔、分生孢子梗、帚状枝（小梗的轮数及对称性）、分生孢子。

六、思考题

（1）为何要用乳酸石炭酸棉兰染液对霉菌进行染色？

（2）你主要根据哪些形态特征来区分上述四种霉菌？

参考文献

[1] 唐丽杰. 微生物学实验[M]. 哈尔滨：哈尔滨工业大学出版社，2005.
[2] 沈萍，陈向东. 微生物学实验[M]. 4 版. 北京：高等教育出版社，2007.
[3] 沈萍，范秀容，李广武. 微生物学实验[M]. 3 版. 北京：高等教育出版社，1999.

实验八

微生物的生理生化反应

不同微生物对不同有机化合物的分解利用情况各不相同。有些微生物能分泌淀粉酶将淀粉水解为麦芽糖或葡萄糖；有些微生物可分泌脂肪酶，将脂肪水解为甘油和脂肪酸。葡萄糖进入细胞后，不同微生物经不同途径发酵葡萄糖，产生不同的代谢产物。微生物对碳、氮化合物的分解利用的生理生化反应也是微生物菌种鉴定的重要依据之一。

一、大分子物质的水解实验

(一)实验目的

(1)通过实验证明不同微生物对各种有机大分子的不同水解能力。

(2)掌握进行微生物大分子水解试验的原理和方法。

(二)实验原理

微生物对大分子的淀粉、蛋白质和脂肪不能直接利用，必须靠产生的胞外酶将大分子物质分解后才能够利用。如淀粉酶水解淀粉为小分子的糊精、双糖和单糖；脂肪酶水解脂肪为甘油和脂肪酸；蛋白酶水解蛋白质为氨基酸等。这些过程可通过观察微生物菌落周围的物质变化来证实，如淀粉遇碘液会变蓝色，如果微生物可以分泌淀粉酶，就可以将菌落周围的淀粉水解，用碘测定时就不会产生蓝色。脂肪被脂肪酶水解后可产生脂肪酸，导致培养基的 pH 降低，在培养基中加入中性红指示剂会使培养基从淡红色变成深红色。

微生物可以利用各种蛋白质和氨基酸作为氮源，当糖类物质缺乏时，亦可以用它们作为碳源和能源。明胶是由胶原蛋白经水解产生的蛋白质，在 25℃以下可维持凝胶状态，以固态形式存在，而在 25℃以上就会液化。有些微生物可产生一种称作明胶酶的胞外酶，可以使明胶水解，产生液化现象。

有些微生物能水解牛奶中的蛋白质酪素，可用石蕊牛奶来检测。石蕊培养基由脱脂牛奶和石蕊组成，是浑浊的蓝色。酪素水解成氨基酸和肽后，培养基就会变得透明。石蕊牛奶也常被用来检测乳糖发酵，因为在酸的存在下，石蕊会转变成粉红色，而过量的酸可引起牛奶的固化(凝乳形成)。氨基酸的分解会引起碱性反应，使石蕊变成紫色。此外，某些细菌能还原石蕊，使试管底部变为白色。

(三)实验器材

1. 菌种

枯草芽孢杆菌(*Bacillus subtilis*)、大肠杆菌(*Escherichia coli*)、金黄色葡萄球菌(*Staphylococcus aureus*)等。

2. 培养基

(1)淀粉水解培养基

蛋白胨 10 g,牛肉膏 3 g,可溶性淀粉 2 g,NaCl 5 g,琼脂 15～20 g,水 1 000 mL,pH 7.4～7.8,121℃高压蒸汽灭菌 30 min。

(2)油脂培养基

蛋白胨 10 g,牛肉膏 5 g,NaCl 5 g,香油或花生油 10 g,中性红(1.6%水溶液)1 mL,琼脂 15～20 g,蒸馏水 1 000 mL,pH 7.2。

注意:不能使用已变质的油;油和琼脂及水先加热;调好 pH 之后,再加入中性红使培养基稍呈红色为止;分装培养基时,需不断地搅拌,使油脂均匀分布于培养基中。

(3)明胶培养基

蛋白胨 10 g,牛肉膏 5 g,NaCl 5 g,明胶 120 g,蒸馏水 1 000 mL,pH 7.2～7.4。

(4)石蕊牛奶培养基

①脱脂牛奶的制备:新鲜牛奶用离心机分离,除去上层奶油,取下层脱脂牛奶。若无新鲜牛奶可用脱脂奶粉代替,每 1 000 mL 水溶解 100 g 脱脂奶粉,或将鲜奶煮沸,在冷凉处静置 24 h,用虹吸法取出底层牛奶。

②石蕊液的制备:将石蕊浸色,即在蒸馏水中过夜或更长时间,使石蕊变软而易于溶解,溶解后过滤,即可用作配制石蕊牛奶。石蕊 2.9 g,蒸馏水 100 mL。

③石蕊牛奶的配制:2.5%石蕊水溶液 4 mL,脂肪牛奶 100 mL,混合后的颜色为丁香花紫色为适度,分装试管,牛奶高度约 4 cm。间歇灭菌或以 115℃蒸汽灭菌 20～30 min。

注意事项:最好用新鲜牛奶,否则需调 pH,调过 pH 的牛奶色调不正。

3. 溶液或试剂

卢戈氏碘液。

4. 仪器或其他用具

无菌平板、无菌试管、接种针、接种环、试管架等。

(四)实验步骤

1. 淀粉水解试验

(1)将装有淀粉培养基的三角瓶置于沸水浴中融化,然后取出冷却至约 50℃,

无菌操作制成平板。

(2)用记号笔在平板底部划成四部分。

(3)将以上菌种分别在不同的部分划线接种,在平板的反面分别写上菌名。

(4)将培养皿倒置于37℃恒温箱中培养24 h。

(5)结果观察:打开皿盖滴加少量碘液于平板上,轻轻旋转,使碘液均匀铺满整个平板。如菌体周围出现无色透明圈,则说明淀粉已被水解,为阳性。根据透明圈的大小可以初步判断该菌水解淀粉能力的强弱。

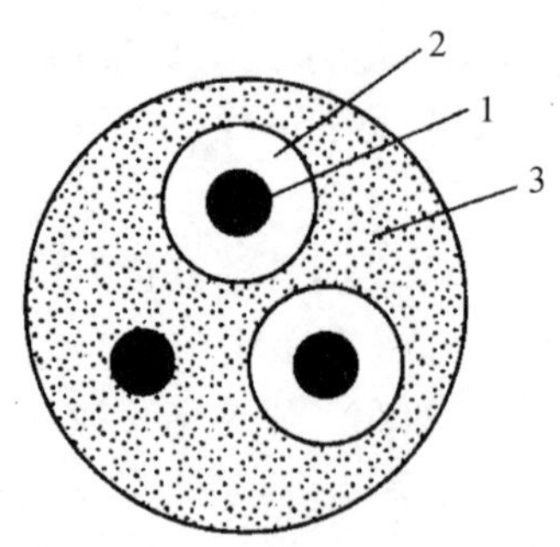

图 8-1 淀粉的水解作用

1.待测菌 2.透明区 3.蓝色区

2.油脂水解试验

(1)将装有油脂培养基的锥形瓶置于沸水浴中融化,取出并充分振荡使油脂分布均匀,再倾入培养皿中,待凝固后,做成平板。

(2)用记号笔在平板底部划成四部分,分别标上菌名。

(3)将上述菌种分别用无菌操作划十字接种于平板的相对应部分的中心。

(4)将平板倒置于37℃恒温箱中培养24 h。

(5)取出平板,观察菌苔颜色,如出现红色斑点,说明脂肪水解,为阳性反应。

3.明胶液化试验

(1)取3支明胶培养基试管,用记号笔标明各管欲接种的菌名。

(2)用接种针分别穿刺接种。

(3)将接种后的试管置于20℃恒温箱中培养2～5 d。

(4)观察明胶液化情况。

4.石蕊牛奶试验

(1)取2支石蕊牛奶培养基试管,用记号笔标明各管欲接种的菌名。

(2)分别接种待试菌种。

(3)将接种后的试管置于37℃恒温箱中培养24～48 h。

(4)观察培养基颜色变化。石蕊在酸性条件下为粉红色,碱性条件下为紫色,而被还原时为白色。

(五)实验记录

菌名	淀粉水解试验	油脂水解试验	明胶液化试验	石蕊牛奶试验

二、糖发酵试验

(一)实验目的

(1)了解糖发酵的原理和在肠道细菌鉴定中的重要作用。
(2)掌握通过糖发酵鉴别不同微生物的方法。

(二)实验原理

糖发酵试验是常用的鉴别微生物的生化反应,在肠道细菌的鉴定上尤为重要。绝大多数细菌都能利用糖类作为碳源和能源,但是它们在分解糖类物质的能力上有很大的差异。有些细菌能分解某种糖产生有机酸(如乳酸、醋酸、丙酸等)和气体(如氢气、甲烷、二氧化碳等);有些细菌只产酸不产气。例如大肠杆菌能分解乳糖和葡萄糖产酸并产气;伤寒杆菌分解葡萄糖产酸不产气,不能分解乳糖;普通变形杆菌分解葡萄糖产酸产气,不能分解乳糖。发酵培养基含有蛋白胨、指示剂(溴甲酚紫)、倒置的德汉氏小管和不同的糖类,当发酵产酸时,溴甲酚紫指示剂可由紫色(pH 6.8)变为黄色(pH 5.2);气体的产生可由倒置的德汉氏小管中有无气泡来证明。

(三)实验器材

1. 菌种

大肠杆菌(*Escherichia coli*)、普通变形杆菌(*Proteus vulgaris*)。

2. 培养基

葡萄糖发酵培养基试管和乳糖发酵培养基试管各 3 支(内装有倒置的德汉氏小管)。

糖发酵培养基:蛋白胨 10 g,葡萄糖(乳糖)10 g,NaCl 5 g,蒸馏水 1 000 mL。调 pH 7.4 后,每 1 000 mL 培养基中加入 1.6%溴甲酚紫(BCP)1 mL,混匀,培养基呈蓝色。常规灭菌。

3.仪器或其他用具

试管架、接种环等。

(四)实验步骤

(1)用记号笔在各试管外壁上分别标明发酵培养基名称和所接种的细菌菌名。

(2)取葡萄糖发酵培养基试管 3 支,一支接入大肠杆菌,一支接入普通变形杆菌,第三支不接种作为对照。另取乳糖发酵培养基试管 3 支,同样分别接入大肠杆菌、普通变形杆菌和不接种作为对照。在接种后,轻缓摇动试管,使其均匀,防止倒置的小管有气泡进入。

(3)将接种过和作为对照的 6 支试管均置 37℃培养 24～48 h。

(4)观察各试管颜色变化及德汉氏小管中有无气泡产生。

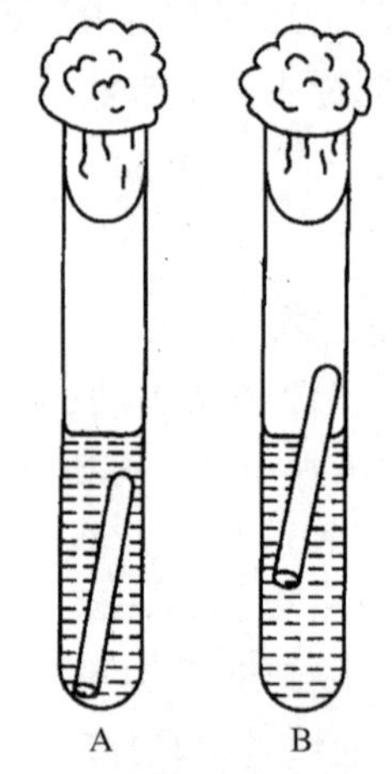

图 8-2 糖发酵(杜氏发酵管)

A.发酵前 B.发酵后(产气)

(五)实验记录

将结果填入下表,“+”表示产酸或产气,“−”表示不产酸或不产气。

糖类发酵	大肠杆菌	产气肠杆菌	对照
葡萄糖发酵			
乳糖发酵			

(六)思考题

(1)简述淀粉水解试验、油脂水解试验和石蕊牛奶试验的基本原理。

(2)细菌利用糖类的过程中,产生的酸性物质和气体可能是什么?

参考文献

[1] 程丽娟,薛宝泉.微生物学实验技术[M]. 2版.北京:科学出版社,2012.

[2] 周德庆.微生物学实验教程[M]. 2版.北京:高等教育出版社,2006.

实验九

细菌生长曲线的测定

一、实验目的

(1)了解细菌的生长特点及其生长的测定原理。

(2)学习用比浊法测定细菌生长曲线的操作方法。

二、实验原理

将少量细菌接种到一定体积的、适合的新鲜培养基中，在适宜的条件下进行培养，定时测定培养液中的菌量，以菌数的对数作纵坐标，生长时间作横坐标，作出的曲线叫生长曲线。依据其生长速率的不同，一般可把细菌生长曲线分为延滞期、对数期、稳定期和衰亡期。不同的微生物具有不同的生长曲线，同一种微生物在不同的培养条件下，其生长曲线也不一样。它反映了单细胞微生物在一定环境条件下于液体培养时所表现出的群体生长规律。因此通过测定微生物的生长曲线，可了解该菌的生长规律，对于科研和生产都具有重要的指导意义。

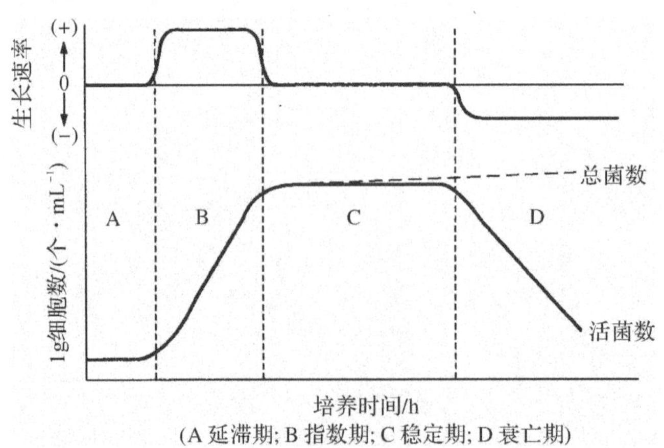

图 9-1 单细胞微生物的典型生长曲线①

① 引自周德庆:《微生物学教程》第3版，高等教育出版社。

测定微生物生长的方法很多，有血球计数法、平板菌落计数法、干重法、比浊法等。本实验采用比浊法测定，由于细菌悬液的浓度与其光密度（OD 值）成正比，因此可利用分光光度计测定菌悬液的光密度来推知菌液中微生物的浓度。将所测得的 OD 值与其对应的培养时间作图，即可绘出该菌在一定条件下的生长曲线。

三、实验器材

（一）菌种

大肠杆菌（*Escherichia coli*）。

（二）培养基

牛肉膏蛋白胨培养基。

（三）仪器和器具

721 型分光光度计、比色杯、恒温摇床、无菌吸管、试管、三角瓶。

四、实验步骤

（一）种子液制备

取大肠杆菌斜面菌种 1 支，以无菌操作挑取 2 环菌苔，接入盛有 50 mL 牛肉膏蛋白胨培养基的三角瓶中，于 37℃摇床振荡培养 10～12 h 作种子培养液。

（二）标记编号

取盛有 50 mL 无菌牛肉膏蛋白胨培养液的 250 mL 三角瓶 11 个，分别编号为 0、1.5、3、4、6、8、10、12、14、16、20 h。

（三）接种培养

用 2 mL 无菌吸管分别准确吸取 2 mL 种子液加入已编号的 11 个三角瓶中，于 37℃下振荡培养（振荡频率 250 r/min）。然后分别按对应时间将三角瓶取出，立即放冰箱中贮存，待培养结束时同时测定 OD 值。

（四）生长量测定

以未接种的牛肉膏蛋白胨培养基作为空白对照，选用 600 nm 波长进行光电比浊测定。从最早取出的培养液开始依次进行测定，对浓度大的菌悬液用未接种的牛肉膏蛋白胨液体培养基适当稀释后测定，使其 OD 值在 0.10～0.65 以内，经稀释后测得的 OD 值乘以稀释倍数，即是培养液的实际 OD 值。

注意：测定 OD 值前，将待测定的培养液进行振荡，使细胞分布均匀。

如条件具备，本实验也可采用如下方法：

(1)用 1 mL 无菌吸管吸取 0.25 mL 大肠杆菌种子液转入盛有 5 mL 培养液的试管中或是吸取 2 mL 种子液到盛有 50 mL 培养液的带侧臂试管的三角瓶中，混匀后将试管或三角瓶的侧臂直接插入分光光度计(特制)的比色槽中，比色槽上方用自制的暗盒将试管或三角瓶及比色暗室全部罩上，形成一个大的暗环境，另以 1 支盛有培养液但没有接种的试管作为空白对照，测定样品培养 0 h 的 OD 值。测定完成后，取出试管或三角瓶置 37℃下继续振荡培养。

(2)分别在培养 1.5，3，4，6，8，10，12，14，16，20 h，取出培养物试管或三角瓶按上述方法测定 OD 值。该方法准确度高，操作简便，有条件的实验室可以采用。

五、实验记录

(1)将测定的 OD 值填入下表：

时间/h	0	1.5	3.0	4.0	6.0	8.0	10.0	12.0	14.0	16.0	20.0
光密度值(OD_{600})											

(2)以上述表格中的时间为横坐标，OD_{600} 值为纵坐标，绘制大肠杆菌的生长曲线。

六、思考题

(1)为什么说用比浊法测定的细菌生长只是表示细菌的相对生长状况？

(2)在细菌生长曲线中为什么会出现稳定期和衰亡期？在生产实践中怎样缩短延滞期？怎样延长对数期及稳定期？

参考文献

[1] 朱旭芬. 现代微生物学实验技术[M]. 杭州：浙江大学出版社，2011.
[2] 沈萍，范秀容，李广武. 微生物学实验[M]. 3 版. 北京：高等教育出版社，1999.
[3] 周德庆. 微生物学实验教程[M]. 2 版. 北京：高等教育出版社，2006.

实验十

细菌质粒 DNA 的转化试验

一、实验目的

(1)学习和掌握碱裂解法小量制备质粒 DNA 的原理、方法和技术。

(2)学习大肠杆菌感受态细胞的制备、转化及转化子鉴定的基本原理与操作技术。

二、实验原理

(一)质粒 DNA 的小量制备

质粒 DNA 是核外的环状双链 DNA。在强碱作用下,核 DNA 与质粒 DNA 都会变形生成单链,在中性 pH 条件下质粒 DNA 发生变性,而核 DNA 保持单链状态,再通过一系列分离纯化即可得到纯化的 DNA。

(二)大肠杆菌感受态细胞的制备和转化

感受态指细菌生长过程中能接受外源 DNA 而不将其降解的生理状态。转化实验中,受体微生物需事先经处理制备为感受态细胞备用。

转化是将外源的 DNA 分子引入细胞,使其获得新遗传性状的一种手段。常见的转化方法有热激法和电穿孔法等。热激法是将细菌置于 0℃的 $CaCl_2$ 低渗溶液中使细胞膨胀成球形,转化混合物中的外源 DNA 经 42℃短时热激处理,进入受体,通过复制表达使受体细胞出现新的遗传性状。经筛选培养基中培养,即可获得转化子。

(三)转化子的鉴定

为了便于转化子的筛选鉴定,转化实验中采用的质粒 DNA 一般包含有特殊的遗传特征,如抗生素抗性基因、显色物质表达基因等,配合特定培养基可快速筛选出含有外源 DNA 的转化子。

三、实验材料及仪器

(一)材料

E. coli DH5α 菌株,带有抗生素抗性基因且适用于 *E. coli* DH5α 的质粒如 pUC18(带有氨苄青霉素抗性基因)等。

(二)设备

恒温摇床、电热恒温培养箱、台式高速离心机、无菌工作台、低温冰箱、恒温水浴锅、制冰机、分光光度计、微量移液枪、1.5 mL EP 管。

(三)试剂

(1)LB 固体和液体培养基。

(2)氨苄青霉素母液(100 mg/mL)。取 Amp 0.5 g 溶于 5 mL 无菌水中,0.22 μm 滤膜过滤除菌,分装后−20℃贮存。

(3)含氨苄青霉素的 LB 固体培养基。将配好的 LB 固体培养基高压灭菌后冷却至 60℃左右,加入 Amp 储存液,使终浓度为 50 μg/mL,摇匀后铺板。

(4)0.05 mol/L $CaCl_2$ 溶液。称取 0.28 g $CaCl_2$(无水,分析纯),溶于 50 mL 重蒸水中,定容至 100 mL,高压灭菌。

(5)含 15%甘油的 0.05 mol/L $CaCl_2$。称取 0.28 g $CaCl_2$(无水,分析纯),溶于 50 mL 重蒸水中,加入 15 mL 甘油,定容至 100 mL,高压灭菌。

四、实验步骤

(一)质粒 DNA 的小量制备

(1)分别配制培养基、溶液Ⅰ、溶液Ⅱ、溶液Ⅲ备用,其成分如下:

培养基:胰蛋白胨 10 g、酵母浸出物 5 g、NaCl 10 g。

溶液Ⅰ:葡萄糖 50 mmol/L、Tris-HCl(pH 8.0)10 mmol/L、EDTA 1 mmol/L。

溶液Ⅱ(新鲜配制):NaOH 0.2 mol/L、SDS 1%。

溶液Ⅲ:KAc 29.4 g、冰醋酸 11.5 mL、双蒸水 28.5 mL。

将配制好的溶液与包装好的枪头盒一起放入高压灭菌锅中灭菌。

(2)接种菌培养。

(3)取 1.5 mL 培养物于 EP 管中,1 300 rpm 离心 1 min 集菌,去上清;再加入

100 μL 预冷的溶液Ⅰ，振荡器剧烈振荡，使菌体悬浮，此时可看到EP管变浑浊。

(4)加入200 μL 现配制的溶液Ⅱ，盖紧管口，可看到EP管变澄清，迅速柔和颠倒数次以保证混合液与整个管内壁充分接触，冰浴3～5 min。

(5)加入150 μL 的溶液Ⅲ，温和颠倒数次以混合均匀，此时可看到EP管中有浆状沉淀，冰浴10 min。

(6)13 000 rpm离心10 min，取400 μL 上清于另一EP管。

(7)用1 mL 70%乙酸洗一次，1 300 rpm离心5 min，弃上清，将离心管倒置，温室干燥5～10 min。

(8)用20～30 μL TE溶解，－20℃保存。

(二)受体菌的培养及感受态细胞的制备

从LB平板上挑取新鲜*E. coli* DH5α单菌落，于LB液体培养基中37℃培养过夜直到对数生长期，以1∶100比例稀释接到LB液体培养基中，37℃ 250 r/min培养3 h(约含有10^9细胞/mL，OD_{600}＝0.35～0.4)。取3.5 mL菌液于4 mL离心管中冰上放置30 min，使其停止生长。5 000 rpm离心5 min，去上清。用冰冷的3 mL 50 mmol/L $CaCl_2$洗涤菌体。5 000 rpm离心5 min，再用2 mL 50 mmol/L $CaCl_2$轻轻悬浮菌体，冰上放置15～30 min，4℃ 5 000 rpm离心5 min，弃去上清，用预冷的1 mL $CaCl_2$重悬制得大肠杆菌感受态细胞。

注意：新制成的感受态细胞悬液于4℃下放置24 h内，可以有效提高转化效率。如果希望长期保存感受态细胞，可将细胞沉淀用甘油$CaCl_2$悬浮，再将感受态细胞分成100 μL的小份，存储于－70℃保存。

(三)转化

(1)在100 μL的感受态细胞中加入10 μL质粒，温和混匀，冰上放置30 min后，立即放入42℃水浴热击90 s，再迅速转移到冰浴中放置2～10 min。

(2)加入400 μL新鲜LB培养基，37℃ 250 r/min培养1 h，使菌体复苏并激活抗性标记基因。

(3)5 000 rpm离心5 min，用枪吸去上清，再用适量培养基重悬。取100 μL涂布于含有筛选标记的LB平板上(平板培养基中已添加100 μg/mL Amp)，同时吸100 μL未转化的大肠杆菌感受态细胞涂布于以上平板中，作为阴性对照。

(4)平板37℃正放1 h充分吸收菌液后，倒置培养12～24 h出现菌落。

五、实验记录

(1)自行设计表格记录实验结果。

(2)按下列公式计算转化效率:

转化效率=转化子总数/质粒 DNA 总量(μg)

六、思考题

(1)质粒 DNA 提取过程中,加入溶液Ⅱ后,为什么不能剧烈振荡?

(2)如果阳性对照在选择平板上无菌落生长,而转化实验组有菌落生长,说明什么问题?如果是相反的结果,又说明什么问题?

(3)本实验的受体菌为什么要对氨苄青霉素敏感?与其他同学相比,你获得的转化效率高吗?你的体会是什么?

(4)本实验的转化方法,你认为有何可以改进简化之处?谈谈你的设想。

参考文献

[1] 沈萍,陈向东. 微生物学实验[M]. 4 版. 北京:高等教育出版社,2007.

[2] 陈金春,陈国强. 微生物学实验指导[M]. 北京:清华大学出版社,2005.

[3] 瞿礼嘉,顾红雅,胡苹,等. 现代生物技术[M]. 北京:高等教育出版社,2004.

[4] 洪坚平,来航线. 应用微生物学[M]. 北京:中国林业出版社,2005.

[5] Madigan M T, Martinko J M. Brock's Biology of Microorganisms[M]. 11th ed. New Jersey:Prenticee Hall,2006.

实验十一

酵母菌的杂交试验

一、实验目的

掌握酵母菌有性杂交育种的基本原理和方法。

二、实验原理

杂交是在细胞水平上进行的一种遗传重组方式。有性杂交，一般指不同遗传型的两性细胞间发生的接合和随之进行的染色体重组，进而产生新遗传型后代的一种育种技术。凡能产生有性孢子的酵母菌、霉菌和蕈菌，原则上都可采用与高等动、植物杂交育种相似的有性杂交方法进行育种。

酿酒酵母有其完整的生活史(图 11-1)。从自然界分离到的，或在工业生产中应用的菌株，一般都是双倍体细胞，而发生有性结合的酵母必须是单倍体，而且要求接合型不同。因此，无论哪种类型的酵母在进行有性杂交时，首先必须经过单倍体化，即将酵母培养在生孢子培养基中，使其产生子囊，经过减数分裂后，在每一个子囊内会形成 4 个子囊孢子(单倍体)，其中 2 个为 a 型，2 个为 α 型。获得单倍体后，需对其接合型进行验证，一般使用标准接合型的单倍体酵母和待测菌株进行有性杂交，能和标准的 a 型酵母进行接合的为 α 型，反之则为 a 型。为了便于检测杂交子，一般要求用于实验的单倍体具有遗传标记。用蒸馏水洗下子囊，用机械法(加硅藻土和石蜡油后在匀浆管中研磨)或酶法(用蜗牛消化酶等处理)破坏子囊，再进行离心，然后把获得的子囊孢子涂布平板，就可以得到由单倍体细胞组成的菌落。把来自不同亲本、不同性别的单倍体细胞通过离心等方式使之密集地接触，就有更多机会出现种种双倍体的有性杂交后代。它们与单倍体细胞有明显的差别(见表 11-1)，易于识别。在这些双倍体杂交子代中，通过筛选，就可得到优良性状的杂种。

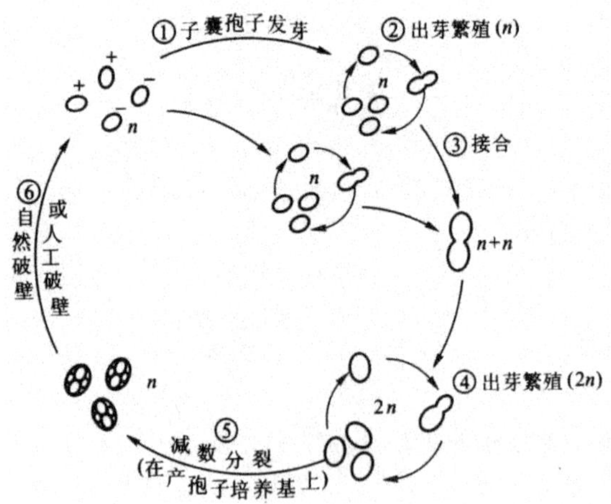

图 11-1 酿酒酵母的生活史

表 11-1 酿酒酵母的双倍体和单倍体细胞的比较

比较项目	双倍体	单倍体
细胞	大、椭圆形	小、球形
菌落	大、形态均一	小、形态变化较大
液体培养	繁殖较快、细胞较分散	繁殖较慢、细胞常聚集成团
在产孢子培养基上	会形成子囊	不形成子囊

有性杂交的步骤一般包括:二倍体亲本的选择、单倍体化、接合型验证、遗传标记制作、有性杂交、杂种的获得和性能的测定。

本实验从两个已知接合型和遗传标记的单倍体酵母为出发菌,通过有性杂交获得杂交子。

三、实验器材

(一)菌种

酿酒酵母(*Saccharomyces cerevisiae*)单倍体腺嘌呤缺陷型(ade⁻)菌株 Z1,接合型为 a;酿酒酵母单倍体组氨酸缺陷型(his⁻)菌株 Z2,接合型为 α。

(二)培养基

(1)完全培养基:蛋白胨 2%,酵母浸粉 1%,葡萄糖 2%,琼脂 2%,pH 6.0,117℃灭菌 10 min。

(2)基本培养基：葡萄糖 2%，NaCl 0.1%，K_2HPO_4 0.1%，$MgSO_4 \cdot 7H_2O$ 0.05%，$(NH_4)_2SO_4$ 0.5%，处理琼脂 2%，蒸馏水配制，pH 6.0，121℃灭菌 15 min。

(3)生孢子培养基：麦氏培养基。葡萄糖 0.1%，KCl 0.18%，酵母浸膏 0.25%，CH_3COONa 0.82%，琼脂 2%，pH 自然。115℃灭菌 15 min。

(三)实验器材

试管、离心管、离心机、吸管、培养皿、三角烧瓶、涂布棒等。

四、实验步骤

(一)单倍体的杂交

(1)取 Z1 和 Z2 斜面菌种 1 环，分别接种于 5 mL 完全培养基中，28℃静置培养 24 h。

(2)分别取 0.1 mL Z1、Z2 菌株培养液，混合接种于 5 mL 完全培养基中，置 28℃培养 6～8 h。在显微镜下观察是否形成哑铃状接合子，继续培养至 24 h。

(二)杂交子的检出

将培养物离心(3 500 rpm，10 min)，收集菌体，将菌体用生理盐水离心洗涤 2 次，最后悬浮在 10 mL 生理盐水中。将悬浮液适当稀释，取 0.1 mL 涂布于基本培养基平板上。同时做 Z1、Z2 菌株的对照平板。将全部平板置 28℃培养 2～4 d，观察每个平板的菌落生长情况。在基本培养基平板上，Z1 和 Z2 菌株不生长，无菌落长出，而涂布有混合培养物的基本培养基平板上有菌落长出，该菌落可认为是杂交子。将其接入完全培养基斜面中保存，待鉴定。

(三)杂交子的验证

(1)将斜面保存的待测菌株 1 环接种于 5 mL 完全培养基中，28℃培养 24 h，重复传代培养三次。

(2)离心收集菌体，用生理盐水离心洗涤两次。将菌泥堆放于生孢子培养基平板上，于 22～25℃培养 2～4 d，观察子囊孢子形成情况，同时做 Z1 和 Z2 菌株生孢子对照。如果待测菌株生孢子，即为杂合二倍体菌株(杂交子)。Z1 和 Z2 菌株不生孢子。

五、实验记录

(1)绘制显微镜下接合子的形态。

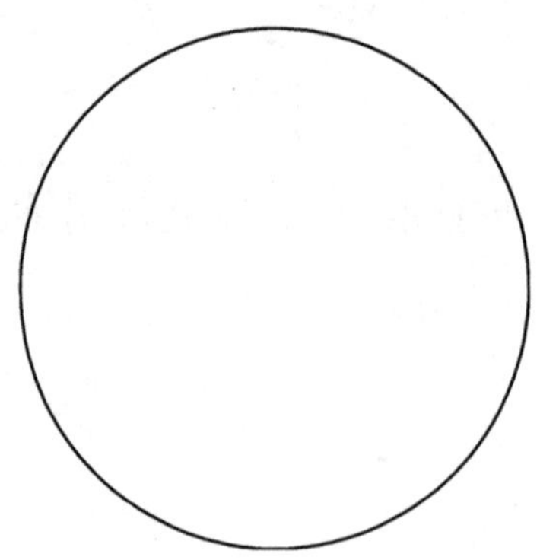

(2)杂交子的验证结果。

	Z1	Z2	杂交子
基本培养基			
完全培养基			
生孢子培养基			

六、思考题

(1)如何获得酵母菌的单倍体孢子?
(2)简述酵母菌有性杂交的基本过程。

参考文献

[1] 周德庆. 微生物学教程[M]. 2 版. 北京:高等教育出版社,2002.
[2] 杜连祥,路福平. 微生物学实验技术[M]. 北京:中国轻工业出版社,2011.

实验十二

大肠杆菌抗药性突变株的筛选

一、实验目的

学习用梯度平板法分离抗药性突变株的原理和方法。

二、实验原理

基因中碱基顺序的改变可导致微生物细胞的遗传变异，这种变异有时能使细胞在有害的环境中存活下来，抗药性突变就是一个例子。微生物的抗药性突变是DNA 分子的某一特定位置的结构改变所致，与药物的存在无关，某种药物的存在只是分离某种抗药性菌株的一种手段，而不是作为引发突变的诱导物。在含有一定抑制生长药物浓度的平板上涂布大量的细胞群体，极个别抗性突变的细胞会在平板上长成菌落。将这些菌落提取纯化，进一步进行抗性试验，就可以得到所需要的抗药性菌株。抗药性常用作遗传标记，因而掌握抗药性突变株的分离筛选方法是十分必要的。

在自然条件下，想要获得有抗性的细菌是很困难的。当给予适当的物理化学条件时，其突变率会大大增加，如 α 射线、β 射线、γ 射线、X 射线、中子和其他粒子、紫外线、微波等。DNA 对紫外线（UV）有强烈的吸收作用，尤其是碱基中的嘧啶，它比嘌呤更为敏感，而且紫外线诱变要求实验条件低、试验操作简单，因此，常被用作诱变剂，用于微生物菌种选育。

经诱变处理后的微生物群体中，虽然突变数目大大增加，但所占的比例仍然是整个群体中的极少数。为了快速、准确地得到所需的突变体，必须设计一个合理的筛选方法，以杀死大量的未发生突变的野生型，而保留极少数的突变型。梯度平板法是筛选抗药性突变型的一种简便有效的方法，其操作要点是：先加入不含药物的培养基，立即把培养皿斜放，待培养基凝固后形成一个斜面，再将培养皿平放，倒入含一定浓度药物的培养基，使其凝固，这样就形成了一个药物浓度梯度由浓到稀的梯度培养基。将诱变处理后的菌液涂布于培养基表面，经培养后，在药物浓度比较高的位置出现的菌落就是抗药性突变株。

三、实验器材

(一)菌种

大肠杆菌(*Escherichila coli*)。

(二)培养基

牛肉膏蛋白胨琼脂培养基,2×(2 倍浓度,营养成分浓度为普通培养基的 2 倍)牛肉膏蛋白胨培养液(分装于离心管中,每管装 5 mL),含 100 μg/mL 链霉素的牛肉膏蛋白胨琼脂培养基。

(三)器皿

培养皿(直径 6 cm、9 cm)、玻璃涂棒、移液管、滴管、台式低速离心机、磁力搅拌器等。

(四)试剂及溶液

生理盐水、链霉素溶液。

四、实验步骤

(一)制备菌液

从已活化的斜面菌种上挑 1 环大肠杆菌于装有 5 mL 牛肉膏蛋白胨培养液的无菌离心管中(接 2 支离心管),置 37℃ 条件下培养 16 h 左右,离心(3 500 rpm,10 min),弃上清液后再用生理盐水洗涤 2 次,弃上清液,重新悬浮于5 mL的生理盐水中。将 2 支离心管的菌液一并倒入装有玻璃珠的三角瓶中,充分振动以分散细胞,制成浓度为 10^8/mL 的菌液。然后吸 3 mL 菌液于装有磁力搅拌棒的培养皿(直径 6 cm)中。

(二)紫外线照射

(1)预热紫外灯:紫外灯功率为 15W,照射距离 30 cm(可在超净工作台中进行)。照射前先开灯预热 30 min。

(2)照射:将培养皿放在磁力搅拌器上,先照射 1 min 后再打开皿盖并开始计时,照射 2 min 后,立即盖上皿盖,关闭紫外灯。

(三)增殖培养(在暗室红灯或黄灯下操作)

照射完毕,用无菌滴管将全部菌液吸到含有 3 mL 2×牛肉膏蛋白胨培养液的离心管中,混匀后用黑纸包裹严密,置 37℃培养过夜。

(四)梯度培养皿的制备

取 10 mL 牛肉膏蛋白胨琼脂培养基于直径 9 cm 的培养皿中,立即将培养皿斜放,使高处的培养基正好位于皿边与皿底的交接处。待凝固后,将培养皿平放,再加入含有链霉素(100 μg/mL)的牛肉膏蛋白胨琼脂培养基 10 mL。凝固后,便得到链霉素从 0 到 100 μg/mL 逐渐升高的浓度梯度培养皿。然后在皿底药物浓度从低到高的方向做一个"→"符号标记。

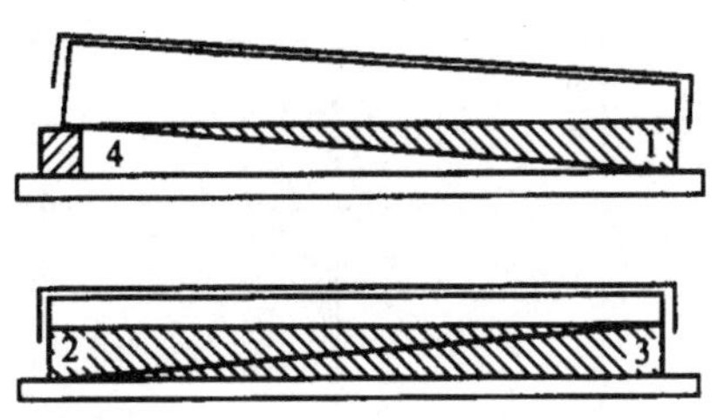

图 12-1 梯度平板示意图

1.底层培养基 2.上层培养基 3.含 100 μg/mL 链霉素 4.培养皿倾斜角

(五)涂布菌液

将增殖后的菌液进行离心(3 500 rpm,10 min),弃上清液,再加入少量生理盐水(约 0.2 mL),振荡混匀后将全部菌液均匀涂布于整个梯度培养皿表面,并将它倒置于 37℃恒温箱中培养 24 h。将出现于高药物浓度区域内的单菌落分别接种到斜面上,经培养后做抗药性测定。

(六)抗药性测定

(1)制备含药平板:取链霉素溶液(750 μg/mL)0.2,0.4,0.6,0.8 mL,分别加到无菌培养皿中,再加入融化并冷却至 50℃左右的牛肉膏蛋白胨培养基 15 mL,立即混匀,平置凝固后即成为含有 10,20,30,40 μg/mL 链霉素浓度的药物平板,另取一个平板(不含药物)作对照。

(2)抗药性的测定:将上述每个平皿的底部用记号笔划成 8 等份,并注明 1～8 号,然后将待测抗药菌株逐个划线接种于上述 4 种浓度的药物平板和对照平板上,同时每皿留一格接种出发菌株。接种后将培养皿倒置于37℃培养箱中培养过夜。第二天观察各菌株的生长情况,并记录结果。

五、实验记录

将各菌株抗药性测定结果记录于下表中:

菌株号	对照平板	含药平板(μg/mL)			
	0	10	20	30	40
1					
2					
3					
4					
5					
6					
7					
8					
(出发菌株)					

注:以"+"表示生长,"-"表示不生长。

结果:你选到抗药菌株________株,最高抗药性达________μg/mL。

六、思考题

(1)未经诱变的菌株在含药平板上是否有菌落出现?为什么?

(2)你选出的抗药性菌株中,如有一抗链霉素的菌株在含药平板上能生长,在不含药平板上反而不生长,这说明什么?

参考文献

[1] 沈萍,范秀容,李广武.微生物学实验[M]. 3版.北京:高等教育出版社,1999.
[2] 周德庆.微生物学实验教程[M]. 2版.北京:高等教育出版社,2006.

实验十三

菌落总数的测定

一、实验目的

(1)学习平板菌落计数的基本原理和方法。

(2)熟练掌握基本无菌操作技术。

二、实验原理

细菌菌落总数测定一般采用平板菌落计数法,即将一定量待测样品充分稀释混匀(使细菌均匀分散),接种到牛肉膏蛋白胨琼脂平板上,37℃培养一定时间后每个细菌形成肉眼可见的菌落。理论上统计菌落数,根据稀释倍数和取样接种量即可换算出样品中的含菌数。实际上长出的单菌落可能来自样品中多个细胞,因此平板菌落计数的结果往往偏低。虽然该计数法操作较烦琐、时间较长,结果的准确性易受多种因素影响,但其优点在于可以获得活菌的信息,因此广泛应用于生物制品检验,以及食品、饮料和水样等含菌指数或污染度的检测。

三、实验器材

(1)试剂和培养基:无菌生理盐水、磷酸盐缓冲液、牛肉膏蛋白胨琼脂培养基。

(2)设备和材料:恒温培养箱、冰箱、恒温水浴箱、天平、均质器、振荡器、精密pH试纸、菌落计数器、无菌吸管(1 mL、10 mL)或微量移液器及吸头、无菌锥形瓶(容量250 mL、500 mL)、无菌培养皿(直径9 cm)。

四、实验步骤

(一)样品稀释

固体和半固体样品:称取25 g样品置盛有225 mL磷酸盐缓冲液或生理盐水的无菌均质杯内,8 000～10 000 rpm均质1～2 min,或放入盛有225 mL稀释液的无菌均质袋中，用拍击式均质器拍打 1～2 min，制成 1∶10 的样品匀液。液体样品：以无菌吸管吸取 25 mL 样品置盛有 225 mL 磷酸盐缓冲液或生理盐水的无菌锥形瓶（瓶内预置适当数量的无菌玻璃珠）中，充分混匀，制成 1∶10 的样品匀液。

用 1 mL 无菌吸管或微量移液器吸取 1∶10 样品匀液 1 mL，沿管壁缓慢注于盛有 9 mL 稀释液的无菌试管中（注意吸管或吸头尖端不要触及稀释液面），振摇试管或换用 1 支无菌吸管反复吹打使其混合均匀，制成 1∶100 的样品匀液。制备 10 倍系列稀释样品匀液。每递增稀释一次，换用 1 次 1 mL 无菌吸管或吸头。

根据对样品污染状况的估计，选择 2～3 个适宜稀释度的样品匀液（液体样品可包括原液），在进行 10 倍递增稀释时，吸取 1 mL 样品匀液于无菌平皿内，每个稀释度做两个平皿。同时，分别吸取 1 mL 空白稀释液加入两个无菌平皿内作空白对照。及时将 15～20 mL 冷却至 46℃ 的平板计数琼脂培养基（可放置于 46℃ ± 1℃ 恒温水浴箱中保温）倾注平皿，并转动平皿使其混合均匀。

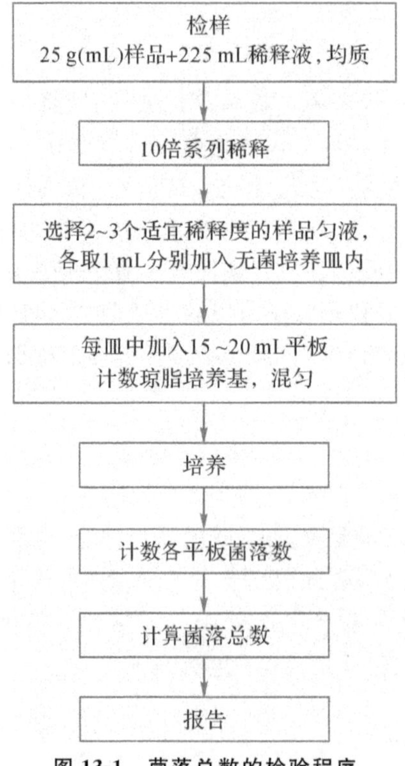

图 13-1　菌落总数的检验程序

（二）培养

待琼脂凝固后，将平板翻转，36℃ ± 1℃ 培养 48 h ± 2 h。水产品 30℃ ± 1℃ 培养 72 h ± 3 h。

(三)菌落计数

肉眼观察,必要时用菌落计数器,记录稀释倍数和相应的菌落数量。菌落计数以菌落形成单位(colony-forming units,CFU)表示。选取菌落数在 30～300 CFU 之间、无蔓延菌落生长的平板计数菌落总数。低于 30 CFU 的平板记录具体菌落数,大于 300 CFU 的可记录为多不可计。每个稀释度的菌落数应采用两个平板的平均数。其中一个平板有较大片状菌落生长时,则不宜采用,而应以无片状菌落生长的平板作为该稀释度的菌落数;若片状菌落不到平板的一半,而其余一半中菌落分布又很均匀,即可计算半个平板后乘以 2 代表一个平板菌落数;当平板上出现菌落间无明显界线的链状生长时,则将每条单链作为一个菌落计。

(四)计数

若只有一个稀释度平板上的菌落数在适宜计数范围内,计算两个平板菌落数的平均值,再将平均值乘以相应稀释倍数,作为每 g(mL)样品中菌落总数结果。若有两个连续稀释度的平板菌落数在适宜计数范围内时,按公式计算:

$$N = \sum C/(n_1 + 0.1n_2)d$$

式中:

N——样品中菌落数;

ΣC——平板(含适宜范围菌落数的平板)菌落数之和;

n_1——第一稀释度(低稀释倍数)平板个数;

n_2——第二稀释度(高稀释倍数)平板个数;

d——稀释因子(第一稀释度)。

一般计数原则:若所有稀释度的平板上菌落数均大于 300 CFU,则对稀释度最高的平板进行计数,其他平板可记录为多不可计,结果按平均菌落数乘以最高稀释倍数计算;若所有稀释度的平板菌落数均小于 30 CFU,则应按稀释度最低的平均菌落数乘以稀释倍数计算;若所有稀释度(包括液体样品原液)平板均无菌落生长,则以小于 1 乘以最低稀释倍数计算;若所有稀释度的平板菌落数均不在 30～300 CFU之间,其中一部分小于 30 CFU 或大于 300 CFU 时,则以最接近 30 CFU 或300 CFU的平均菌落数乘以稀释倍数计算。

菌落数小于 100 CFU 时,按“四舍五入”原则修约,以整数报告;菌落数大于或等于 100 CFU 时,第 3 位数字采用“四舍五入”原则修约后,取前 2 位数字,后面用 0 代替位数;也可用 10 的指数形式来表示,按“四舍五入”原则修约后,采用两位有效数字;若所有平板上为蔓延菌落而无法计数,则报告菌落蔓延;若空白对照上有菌落生长,则此次检测结果无效。称重取样以 CFU/g 为单位报告,体积取样以 CFU/mL 为单位报告。

五、实验记录

将培养后菌落计数结果填入下表：

稀释度	10^{-4}				10^{-5}				10^{-6}			
	1	2	3	平均	1	2	3	平均	1	2	3	平均
CFU 数/平板												
菌落总数												

六、思考题

(1)为什么融化后的培养基要冷却至 45℃左右才能倒平板?

(2)要使平板菌落计数准确,需要掌握哪几个关键？为什么?

(3)同一种菌液用血球计数板和平板菌落计数法同时计数,所得结果是否一样？为什么?

(4)试比较平板菌落计数法和显微镜下直接计数法的优缺点。

参考文献

[1] 肖明,王雨静.微生物学实验[M].北京:科学出版社,2008.
[2] 熊元林.微生物学实验[M].武汉:华中师范大学出版社,2008.
[3] 杨革.微生物学实验教程[M].北京:科学出版社,2010.

实验十四

食品中大肠菌群的测定

一、实验目的

(1)了解大肠菌群概念及其在食品检测中的意义。
(2)掌握食品及饮料中大肠菌群的检测方法。

二、实验原理

大肠菌群是评价食品卫生质量的重要指标之一,广泛应用于食品卫生检测。自 1984 年开始我国食品安全国家标准之食品微生物学检验(GB 4789.3—1984)中对大肠菌群计数就有明确规定,目前已更新至 GB 4789.3—2010。大肠菌群这一概念非细菌学分类命名,不代表某一个或某一属细菌,是指具有某些特性的一组与粪便污染有关的细菌,这些细菌在生化及血清学方面并非完全一致,根据国家标准将其定义为:在一定培养条件下能发酵乳糖、产酸产气的需氧和兼性厌氧革兰氏阴性无芽孢杆菌。一般认为该菌群细菌可包括大肠埃希氏菌、柠檬酸杆菌、产气克雷白氏菌和阴沟肠杆菌等。

食品中大肠菌群数是以 100 mL(g)检样内大肠菌群最可能数(MPN)表示。最可能数(most probable number,MPN)是基于泊松分布的一种间接计数方法。

三、实验器材

(一)待测样品

食品及饮料。

(二)培养基与试剂

详见 GB 4789.3—2010。

(三)其他器皿

详见 GB 4789.3—2010。

四、实验步骤

详见 GB 4789.3—2010 中第一法:大肠菌群 MPN 计数法。

五、实验记录

记录大肠菌群 LST 阳性的管数,查 MPN 检索表(见表 5-4),报告每 100 mL(g)食品中大肠菌群的最可能数。

六、思考题

(1)经检验,待测食品中大肠菌群数是多少?

(2)大肠菌群中的细菌种类一般并非病原菌,为什么要选用大肠菌群作为食品被污染的指标?

参考文献

[1] 张玲.微生物学实验指导[M].北京:北京交通大学出版社,2007.

[2] 钱存柔,黄仪秀.微生物学实验教程[M].2 版.北京:北京大学出版社,2008.

[3] 赵斌,何绍江.微生物学实验室[M].北京:科学出版社,2002.

实验十五

微生物的菌种保藏

在发酵工业中，具有良好性状的生产菌种的获得十分不易，如何利用优良的微生物菌种保藏技术，使菌种经长期保藏后不但存活健在，而且保证高产突变株不改变表型和基因型，特别是不改变初级代谢产物和次级代谢产物的高产能力，即很少发生突变，这对于菌种极为重要。

微生物菌种保藏技术很多，但原理基本一致，即采用低温、干燥、缺氧、缺乏营养、添加保护剂或酸度中和剂等方法，挑选优良纯种，最好是它们的休眠体，使微生物生长在代谢不活泼、生长受抑制的环境中。具体常用的方法有：蒸馏水悬浮或斜面传代保藏；干燥—载体保藏或冷冻干燥保藏；超低温或在液氮中冷冻保藏等方法。

无论采用哪种菌种保藏法，在进行菌种保藏之前都必须设法保证它是典型的纯培养物，在保藏的过程中则要进行严格的管理和检查。

一、甘油保藏法

(一)实验目的

(1)了解甘油法保藏微生物菌种的原理。

(2)掌握甘油法保藏微生物菌种的方法。

(二)实验原理

甘油保藏法是在新鲜培养物种的液体中加入 40%左右的灭菌甘油，然后置于－20℃或－70℃冰箱中保存。由于菌种在冷冻和冻融过程中会造成对细胞的损伤，而在适当浓度的甘油中，将会有少量甘油分子渗入细胞，使菌种细胞在冷冻过程中缓解了由于强烈脱水及胞内形成冰晶而引起的破坏作用，从而可以减少冻、融过程中对细胞原生质及细胞膜的损伤。而且，在－20℃或－70℃的低温下，可大大降低细胞的代谢水平，延长菌种的保藏时间。

该方法操作简便，不需要特殊设备，保藏效果较好。适用于实验室普通菌种或特殊菌种(含质粒菌种)的中、长期菌种保藏，一般可保存 3～5 年。

(三)实验器材

1. 菌种

大肠杆菌(*Escherichila coli*)、酿酒酵母(*Saccharomyces cerevisiae*)。

2. 培养基

牛肉膏蛋白胨培养基。

3. 器皿

螺口盖试管、Eppendorf 管、接种环、无菌滴管、无菌移液管、低温冰箱(−20℃或−70℃)。

4. 试剂及溶液

无菌生理盐水、80%无菌甘油。

(四)实验步骤

1. 无菌甘油的制备

将 80%无菌甘油置于三角瓶内，塞上试管塞，外加牛皮纸包扎，高压蒸汽灭菌后备用。

2. 保藏培养物的制备

(1)菌种活化：将待保藏菌种在斜面上传代活化 1～2 代。

(2)菌种纯化：将活化后的斜面菌种在相应的平板培养基上作划线分离、培养，并挑选最典型的单菌落移接斜面后进行适温培养，再作菌种性能检测。

(3)性能检测：对已纯化的菌种作各种典型特征的检测。

(4)菌种培养物的制备：接种上述待保存菌种作斜面、平板划线或液体接种，适温下进行培养，获得对数生长期的培养物。

3. 保藏菌悬液的制备

(1)液体法

①菌液制备：将菌种培养液离心(4 000 rpm)，倾去上清液，并用相应的新鲜培养液制备成一定浓度的菌悬液(10^8～10^9/mL)。然后用无菌移液管吸取 1.5 mL，置于一支带有螺口密封圈盖的无菌试管或无菌 Eppendorf 管中(如用 Eppendorf 管则菌液加 0.5 mL)。

②滴加甘油：再加入 1.5 mL 灭菌 80%甘油，使甘油浓度为 40%左右为宜，旋紧管盖或塞紧 Eppendorf 管(加 0.5 mL 甘油)的盖子。

③振荡混匀：振荡密封的菌种小试管或 Eppendorf 管，使培养液与甘油充分混匀。

(2)菌苔法

①菌悬液制备：培养适龄斜面或平板菌苔作甘油菌种保存用。用生理盐水洗下菌苔细胞制成一定浓度(10^8～10^9/mL)菌悬液。

②滴加甘油:加等量甘油混匀,制备成含 40%左右甘油的菌悬液。

4. 甘油管的保存

(1)低温保存:上述制备好的甘油菌悬液可在−20℃左右的低温下保藏(此温度下 40%的甘油菌悬液不会冻结)。

(2)超低温保存:将上述制备好的甘油菌悬液管置于乙醇—干冰或液氮中速冻,然后置于−70℃以下保藏,此法可延长保存期限。

5. 菌种保藏期限的检测

(1)取菌样:在保藏期间可用无菌接种环蘸取甘油菌悬液(或刮取超低温冰箱保藏的甘油菌的冻结物),迅速盖好菌种管返回冰箱,切忌将菌种管放置在室温下,否则会加速细胞的死亡。

(2)接种斜面:将蘸取的甘油菌悬液(冻结物)接种到对应的斜面培养基上,适温培养后判断各菌种的保藏情况。

(3)再保藏制备:用接种环挑取斜面上已长好的细菌培养物,置于装有 2 mL 相应培养液的试管中,再加入等量灭菌的 80%甘油,振荡混匀后再分装菌种管。

(4)分装菌种管:将上述甘油菌悬液分装于灭菌的具螺口密封圈盖的试管或无菌 Eppendorf 管中,按上述直接低温保存或速冻后作超低温长期保存。

二、砂土管保藏法

(一)实验目的

掌握砂土管保藏法的原理和方法。

(二)实验原理

砂土管保藏法是一种载体保藏法,其菌种保藏的基本原理是干燥,即将微生物赖以生存的水分蒸发掉,使细胞处于休眠和代谢停滞状态,从而达到较长期保藏菌种的目的。为了扩大水分的蒸发面,通常将微生物的细胞或孢子吸附于砂土、明胶、硅胶、滤纸等不同的载体上,进行干燥,然后加以保存。在低温条件下,其保存期可达数年至十几年之久。砂土保藏法适用于保藏产生芽孢的细菌及形成孢子的霉菌和放线菌,在抗生素工业生产中应用最广、效果亦好,但在营养细胞应用效果不佳。

(三)实验器材

1. 菌种

灰色链霉菌(*Streptomyces griseus*)、黑曲霉(*Aspergillus niger*)。

2. 器皿

干燥器、试管、移液管、无菌培养皿（内放一张圆形的滤纸片）等。

3. 试剂

10% HCl、五氧化二磷、石蜡、白色硅胶等。

(四)实验步骤

(1)处理砂土：取河砂经60目筛子过筛，除去大的颗粒，再用10%盐酸浸泡（用量以浸没砂面为度）2～4 h（或煮沸30 min），以去除其中的有机质。倾去盐酸，用流水冲洗至中性，烘干（或晒干）备用。另取非耕作层瘦黄土（不含有机质）风干，粉碎，用100～120目的筛子过筛，备用。

(2)装砂土管：将砂与土按2∶1或4∶1（根据需要而用其他比例，甚至可全部用砂或全部用土）掺和均匀，装入10 mm^2×100 mm的小试管或安瓿管中，每管装1 g左右，塞上试管塞，进行灭菌（121℃，30 min）。灭菌后需抽样进行无菌检查，每10支砂土管抽1支，用接种环提取少许砂土于牛肉膏蛋白胨培养液中，37℃培养48 h，确证无菌生长后方可使用。

(3)制备菌液：选择培养成熟的（一般指孢子层生长丰满的，营养细胞用此法效果不好）优良菌种，吸取3 mL无菌水加入试管斜面，用接种环轻轻搅动，洗下孢子，制成孢子悬液。

(4)加孢子液：于每支砂土管中加入约0.5 mL（一般以刚刚使砂土润湿为宜）孢子悬液，以接种针拌匀。也可用接种环挑3～4环干孢子直接拌入砂土管中。

(5)干燥：把含菌的砂土管放入真空干燥器内，干燥器内放一培养皿，内盛五氧化二磷作为干燥剂，然后用真空泵抽气3～4 h，以加速干燥。

(6)砂土管菌种的检查：每10支抽取1支，用接种环取出少数砂粒，接种于斜面培养基上，进行培养，观察生长情况和有无杂菌生长，如出现杂菌或菌落数很少或根本不长，则说明制作的砂土管有问题，尚须进一步抽样检查。

(7)保藏：砂土管可选择以下方法之一进行保藏：①保存于干燥器中；②砂土管用火焰融封后保藏；③将砂土管装入有 $CaCl_2$ 等干燥剂的大试管内，大试管塞上橡皮塞并用蜡封管口，然后置4℃冰箱保藏。

(8)恢复培养：需要使用菌种时，取少许含菌的砂土接入斜面培养基，置合适的温度下进行培养即可。原砂土管仍可按原法继续保存。

三、冷冻干燥保藏法

(一)实验目的

了解冷冻真空干燥法保藏菌种的原理,学会冷冻真空干燥法保藏菌种的方法。

(二)实验原理

冷冻真空干燥法是菌种保藏方法中最有效的方法之一,该法集中了菌种保藏中低温、缺氧、干燥和添加保护剂等多种有利条件,使微生物的代谢处于相对静止状态。该法可用于细菌、放线菌、丝状真菌、酵母菌及病毒的保藏,具有保藏菌种范围广、保藏时间长(一般可达10～20年)、存活率高等特点,但设备和操作较复杂。

(三)实验器材

(1)菌种:待保藏的细菌、放线菌、酵母菌或霉菌。
(2)培养基:适于待保藏菌种的各种斜面培养基。
(3)器皿:安瓿管、长颈滴管、移液管。
(5)仪器:冷冻真空干燥机。

(四)实验步骤

1.准备安瓿管

用于冷冻干燥菌种保藏的安瓿管宜采用中性玻璃制造,形状可用长颈球形底的,亦称泪滴形安瓿管,大小要求外径6～7.5 mm,长105 mm,球部直径9～11 mm,壁厚0.6～1.2 mm。也可用没有球部的管状安瓿管。安瓿管先用2% HCl浸泡过夜,自来水冲洗干净后,用蒸馏水浸泡至pH中性,烘干。将写有菌名和日期的标签置于安瓿管内,有字的一面朝向管壁,管口加入试管塞后用牛皮纸包扎,121℃下高压灭菌30 min,备用。

2.保护剂的选择和准备

保护剂种类要根据微生物类别选择。配制保护剂时,应注意其浓度、pH值以及灭菌方法。如血清,可用过滤灭菌;牛奶要先脱脂。脱脂牛奶制备方法:将新鲜牛奶煮沸,而后将装有该牛奶的容器置于冷水中,待脂肪漂浮于液面成层时,除去上层油脂;然后将此牛奶离心15 min(3 000 rpm,4℃),再除去上层油脂。如选用脱脂奶粉,可直接配成20%乳液,然后分装,灭菌(112℃灭菌30 min),并做无菌试验。

3.制备菌悬液

用冷冻干燥法保藏的菌种，其保藏期可达数年至十数年，为了在许多年后不出差错，故所用菌种要特别注意其纯度，即不能有杂菌污染，然后在最适培养基中用最适温度培养，使培养出良好的培养物。细菌和酵母的菌龄要求超过对数生长期，若用对数生长期的菌种进行保藏，其存活率反而降低。一般，细菌要求 24～48 h 的培养物；酵母需培养 3 d；形成孢子的微生物则宜保存孢子；放线菌与丝状真菌则培养 7～10 d。

以细菌斜面为例，吸取 2～3 mL 无菌脱脂牛乳加入斜面试管中，然后用接种环轻轻刮下培养物，再用手搓动试管，制成均匀的细胞悬液，一般要求制成的菌液浓度达 10^8～10^9/mL 为宜。

4.分装菌液

用无菌长颈滴管将上述菌液分装于安瓿管底部，每支安瓿管分装 0.2 mL(如采用离心式冷冻真空干燥机，每管 0.1 mL)，塞上棉花。分装菌液时注意不要将菌液粘在管壁上。

5.菌液预冻

将装有菌液的安瓿管置于低温冰箱中(－45～－35℃)或冷冻真空干燥机的冷凝器室中，冻结 1 h。

6.冷冻真空干燥

(1)初步干燥：启动冷冻真空干燥机制冷系统，当温度下降到－45℃时，将装有已冻结菌液的安瓿管迅速置于冷冻真空干燥机钟罩内，开动真空泵进行真空干燥。如采用简易冷冻真空干燥装置时，应在开动真空泵后 15 min 内使真空度达到 66.7 Pa以下，在此条件下，被冻结的菌液开始升华。继续抽真空，当真空度达到 13.3～26.7 Pa 后，维持 6～8 h。此时样品呈白色酥丸状，并从安瓿管内壁脱落，可认为已初步干燥了。

(2)取出安瓿管：先关闭真空泵，再关制冷机，然后打开进气阀，使钟罩内真空度逐渐下降，直至与室内气压相等后打开钟罩，取出安瓿管。

(3)第二次干燥：将上述安瓿管近顶部塞有棉花的下端用火焰烧熔并拉成细颈，再将安瓿管装在该机的多歧管上，启动真空泵，室温抽真空，干燥时间应根据安瓿管的数量、保护剂的性质和菌液的装量而定，一般为 2～4 h。

7.封管

样品干燥后，继续抽真空达 1.33 Pa 时，将安瓿管细颈处用火焰烧灼、熔封。

8.真空度检测

熔封后的干燥管可采用高频电火花真空测定仪测定真空度。将发生器产生火花触及安瓿管的上端(切勿直射菌种)，使管内真空放电。如安瓿管内发出淡蓝色或淡紫色电光，说明管内真空度符合要求。

9.保藏

将上述符合真空度要求的安瓿管置于4℃冰箱保藏。

10.恢复培养

先用75%乙醇消毒安瓿管外壁,然后将安瓿管上部在火焰上烧热,在烧热处滴几滴无菌水,使管壁产生裂缝,放置片刻,让空气从裂缝中慢慢进入管内,然后将裂口端敲断,这样可防止因突然开口空气冲入管内使菌粉飞扬。再将少量合适培养液加入安瓿管中,使干菌粉充分溶解,后用无菌的长颈滴管吸取菌液至合适培养基中,也可用无菌接种环提取少许干菌粉至合适培养基中,置适当的温度下进行培养。

附:简易冷冻真空干燥法

冷冻干燥器有成套的装置出售,价值昂贵,以下介绍的是简易方法与装置,可达到同样的目的。

(1)预冻:将分装好的安瓿管放低温冰箱中冷冻,无低温冰箱可用冷冻剂如干冰(固体CO_2)酒精液或干冰丙酮液,温度可达−70℃。将安瓿管插入冷冻剂,只需冷冻4~5 min,即可使悬液结冰。

(2)真空干燥:为使样品在真空干燥时保持冻结状态,需准备冷冻槽,槽内放碎冰块与食盐,混合均匀,可冷至−15℃。装置仪器,安瓿管放入冷冻槽中的干燥瓶内。

抽气一般若在30 min内能达到93.3 Pa(0.7 mmHg)真空度时,则干燥物不致熔化,以后再继续抽气,几小时内,肉眼可观察到被干燥物已趋干燥,一般抽到真空度26.7 Pa,保持压力6~8 h即可。

(3)封口:抽真空干燥后,取出安瓿管,接在封口用的玻璃管上,可用L形五通管继续抽气,约10 min即可达到26.7 Pa。于真空状态下,以酒精喷灯的细火焰在安瓿管颈中央进行封口。封口以后,保存于冰箱或室温暗处。

四、思考题

(1)简述甘油保藏法、砂土管保藏法和冷冻干燥保藏法保藏菌种的原理,并指明其适用保藏的微生物类型。

(2)一般微生物实验室常采用什么菌种保藏方法?

参考文献

[1] 周德庆.微生物学实验教程[M].2版.北京:高等教育出版社,2006.
[2] 沈萍,陈向东.微生物学实验[M].4版.北京:高等教育出版社,2008.

实验十六

酸奶的制作试验

一、实验目的

(1)了解发酵凝固型酸奶的制作原理。
(2)掌握普通发酵凝固型酸奶的制作方法。

二、实验原理

乳酸菌指发酵糖类时能产生乳酸等有机酸的无芽孢革兰氏阳性细菌,目前至少包含有18个属的200多种微生物,常用菌株有保加利亚乳杆菌(*Lactobacillus delbrueckii* subsp. *bulgaricus*)、嗜热链球菌(*Streptococcus thermophilus*)等。除极少数外,绝大部分是人体内必不可少且具有重要生理功能的菌群,广泛存在于人体的肠道中。乳酸菌在乳中发酵分解乳糖产生乳酸,导致pH值下降,使乳酪蛋白在其等电点附近发生凝集,形成了凝固型酸奶。凝固型酸奶具有口感好、营养丰富、含钙量高、可有效缓解乳糖不耐症等诸多优点。根据国标规定,酸奶中的乳酸菌活菌数量大于或等于10^6 CFU/g。

三、实验器材

(一)原料

奶粉或鲜奶,白砂糖,市售原味发酵凝固型酸乳(包含数种常见活菌菌株)。

(二)主要仪器设备与用具

三角瓶(每人1~2瓶)、封口膜、量筒、不锈钢勺、温度计、玻棒、灭菌锅、培养箱、冰箱、净化工作台、天平、pH试纸等。

四、实验步骤

(一)工艺流程

蔗糖等调味剂
↓
鲜乳或奶粉→配料→杀菌→冷却(37～45℃)→接种→发酵→冷藏后熟→成品

(二)操作要点

(1)原料乳选择:选用鲜牛奶或者奶粉。

原料乳的质量要求:生产酸乳的原料乳,要求酸度在18°T以下,细菌总数不高于5.0×10^5CFU/mL,总干物质含量不得低于11.5%,其中非脂乳固体不低于8.5%。原料乳不得使用病畜乳和残留抗菌素、杀菌剂、防腐剂的牛乳。

(2)配料:在消毒过的容器(三角瓶)中放入鲜牛奶,加入(6～7)g/100 mL白砂糖(本实验采用6.5%的加糖量),不断搅拌。

(3)杀菌:采用90～95℃杀菌5 min,对原料乳进行杀菌。

(4)冷却:将杀菌后的乳冷却至46～48℃后,准备接种。

(5)接种:接种量可根据菌种活力、发酵方法等的不同而定。

用洁净的灭菌勺,去掉市售原味发酵凝固型酸乳表层的1～2 cm后,按市售酸奶∶原料乳为1∶10的比例,接入已灭过菌且冷却至46～48℃的热牛奶中,充分搅拌混匀。

(6)发酵:发酵剂混匀后,迅速置于41～42℃恒温箱中培养,这是嗜热链球菌和保加利亚乳杆菌最适生长温度的折中值。发酵时间一般在3～4 h。达到凝固状态时,即可终止发酵。发酵终点一般可依据如下条件来判断:

①滴定酸度达到60～70°T以上;

②pH值低于4.6;

③表面有少量水痕;

④倾斜酸奶瓶或杯,奶变黏稠。

注意:发酵过程中应避免震动,否则会影响组织状态;发酵温度应恒定,避免忽高忽低;发酵室内温度上下均匀;掌握好发酵时间,防止酸度不够或过度以及乳清析出。

(7)冷藏后熟:发酵结束后,应立即移入0～5℃的冰箱中,终止发酵过程,使酸乳的特征(质地、口味、酸度等)达到所设定的要求。另外,冷藏还具有促进香味物质产生,改善酸乳硬度的作用。一般将酸乳终止发酵后第12～24 h称为后熟期,在此期间香味物质的产生会达到高峰期。

(三)酸奶的质量标准

(1)酸奶感官指标

①色泽:色泽均匀一致,呈乳白色或稍带微黄色。

②滋味和气味:具有酸甜适中、可口的滋味和酸奶特有风味,无酒精发酵味、霉味和其他不良气味。

③组织状态:凝块均匀细腻,无气泡,允许有少量乳清析出。

(2)酸奶理化指标

①非脂乳固体含量≥8.5%;

②脂肪含量≥3.2%;

③蛋白质含量≥3.2%;

④总糖(以蔗糖计)含量≥8.0%;

⑤酸度(以 pH 计)发酵后 4.5～5.0,冷藏后 3.5～4.0。

五、思考题

(1)酸奶制作原理为何?

(2)酸奶的营养与保健作用主要有哪些?

(3)奶在没有冷藏时为什么会变得酸臭?如何能使鲜奶保存时间延长?

参考文献

[1] 沈萍,陈向东.微生物学实验[M].北京:高等教育出版社,2007.
[2] 唐丽杰.微生物学实验[M].哈尔滨:哈尔滨工业大学出版社,2005.

下篇

工业微生物学现代实验技术

实验十七

微生物菌种的分离筛选

一、实验目的

(1)学习掌握常见工业微生物菌种的分离筛选技术。
(2)学习掌握选择性培养基的设计与制备使用。

二、实验原理

利用微生物生命活动的不同,以及它们对环境的响应,可对微生物菌种进行分离筛选。目前所采取的主要是富集培养与选择性抑制培养。富集培养就是在特定的与所需要富集的微生物菌种性质相应的条件下,使目标微生物快速生长,而达到富集培养分离筛选的目的。选择性抑制培养主要是采用相应药物或试剂对非目标菌的生长进行抑制,使目标菌迅速成为优势菌,有利于达到分离筛选的目的。根据分离目标菌的不同,通常采用不同的药物。

土壤是微生物的大本营,因此土壤样品通常成为分离微生物菌种的主要来源。此外,对于生产性状衰退的生产菌种,从中选优也是菌种分离筛选的重要来源。

三、实验器材

(一)样品

醋醪样品、已退化的灰色链霉菌斜面。

(二)培养基

(1)米曲汁碳酸钙乙醇培养基:米曲汁(10° Brix)100 mL,$CaCl_2$ 1 克,95%乙醇 3~4 mL,pH 自然。配制时不加入乙醇,灭菌后使用前加入。
(2)葡萄糖天冬素培养基。

(三)玻璃器皿若干

略。

四、实验步骤

(一)醋酸菌的分离筛选

1. 富集培养

取醋醪样品接种于米曲汁硫酸钙乙醇液体培养基中(加入 3%～5%乙醇),30℃振荡培养过夜。镜检且有醋味即可作平板分离。

2. 平板涂布分离

(1)采用 10 倍稀释法对上述培养物进行适当稀释后,用移液器吸取 0.1 mL 至无菌的米曲汁碳酸钙乙醇固体培养基中(制备平板前临时加入乙醇),采用无菌涂布棒在平板表面涂布,连续涂 5 块平板。30℃培养 3～5 d。

(2)观察并记录菌落的出现及其周围透明圈的有无和大小。

(3)挑取透明圈大的单菌落,采用划线分离的方法再接种于米曲汁碳酸钙乙醇固体培养基平板,30℃培养 3～5 d。

(4) 挑取透明圈大的单菌落,接种于米曲汁碳酸钙乙醇固体培养基斜面,30℃培养 3 d。革兰氏染色、形态观察,4℃冰箱保存。

3. 醋酸菌进一步分离鉴定

可采用 16S rRNA 测序等方法对醋酸菌进行鉴定。分离筛选流程图如图 17-1 所示。

(二)灰色链霉菌的分离筛选

1. 活化菌种:将原始菌种转接到培养基平板,于 28℃恒温培养,培养 3～5 d 后将孢子转接至试管斜面,28℃恒温培养 3 d。

2. 孢子悬浮液制备:10 mL 无菌水将斜面孢子悬浮,取 1 mL 悬浮液至装有 50 mL无菌水的 300 mL 三角瓶中(带适量玻璃珠),振荡分散均匀,无菌过滤,得孢子悬浮液。

3. 计数并稀释:采用血球计数法测定孢子浓度,10 倍稀释法适当稀释后取 0.1 mL涂布葡萄糖天冬素培养基,28℃倒置培养 5～7 d。

4. 挑取单菌落:根据高活力菌种的形态特征,一般挑取菌落比较大、气生菌丝粗壮、孢子茂盛、色泽正常的单菌落至斜面培养保存。

5. 镜检:有无杂菌,并进一步测定其效价。

五、实验记录

(1)菌种在平板上的生长状况及菌落周围透明圈的大小。

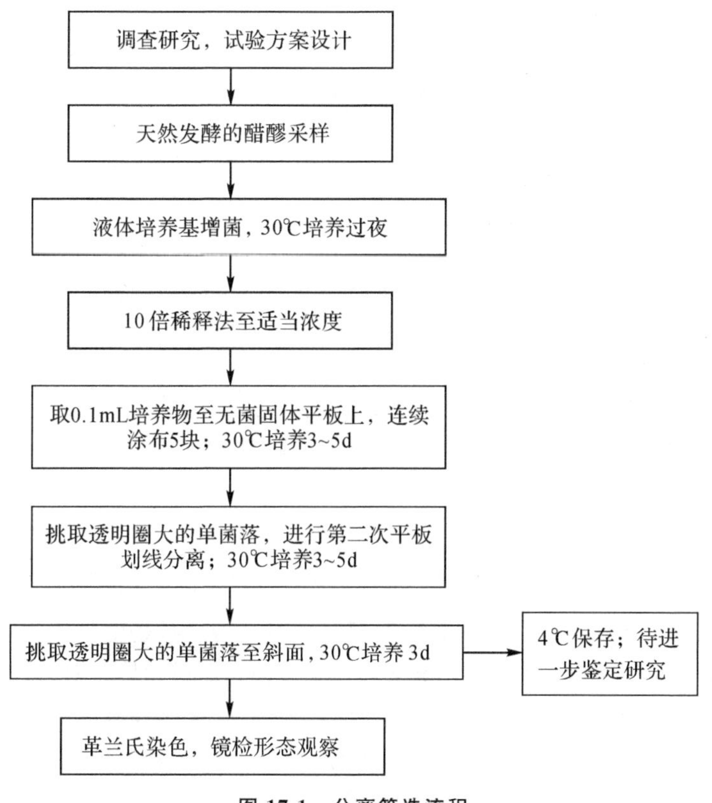

图 17-1 分离筛选流程

(2)镜检结果。

(3)灰色链霉菌的形态特征图示，尤其是孢子丝。

(4)退化菌种与优良菌种的比较。

六、思考题

(1)在分离筛选培养过程中若添加适当浓度的醋酸，对分离结果有何影响？

(2)碳酸钙的作用是什么？

(3)退化菌种的选优过程中，如何提高选优的效率？

(4)菌种退化的主要原因有哪些？

参考文献

[1] 杜连祥. 工业微生物学实验技术[M]. 天津：天津科学技术出版社，1992.

实验十八

高产谷胱甘肽酵母菌种的筛选

一、实验目的

(1)掌握高产谷胱甘肽酵母菌的一般筛选方法。

(2)掌握酵母菌种谷胱甘肽的测定方法及其实用性。

二、实验原理

谷胱甘肽(GSH),即 L-γ-谷氨酰-L-半胱氨酰-甘氨酸,是生物体内一种重要的活性三肽,由谷氨酸、半胱氨酸、甘氨酸通过肽键缩合而成,是细胞内存在的最丰富的小分子硫醇类化合物。自 1921 年 Hopkins 首先发现谷胱甘肽的存在以来,GSH 不仅作为试剂广泛应用于医学、生物学、化学和生物化学的研究测定中,而且成为一种重要的生物化学药物。谷胱甘肽作为机体内重要的生物活性巯基物质,对维持生物体内合适的氧化还原环境起着重要的作用。在人体中具有解毒、抗氧化和防衰老的生理功能,直接或间接地参与蛋白质和 DNA 的合成、物质的运输和细胞的保护作用,应用前景广阔。

人体所需的 GSH 可部分从各种食物中摄取,但因饮食结构、年龄和适应力的不同,体内 GSH 的供应会不足。为了维持体内 GSH 的平衡,适当补充 GSH 对健康是十分必要的。

谷胱甘肽广泛存在于动物、植物及微生物体内,其中以酵母、谷物种子、胚芽、人体和动物的心脏、肝脏、肾脏、红细胞及眼睛晶状体中含量最高。GSH 在酿酒酵母中含量极高,达(100～1 000)mg/100 g,可以直接食用食品中的营养酵母以获取 GSH,因此工业上筛选 GSH 产量高的菌株一般来源于酿酒酵母。

谷胱甘肽(GSH)的测定方法有高效液相色谱法、5,5-二巯基-2-硝基苯甲酸法(DTNB)、一溴代胺荧光标记法、四氧嘧啶法、亚硝基铁氰化钠以及碘量法等。这些方法有的利用 GSH 的巯基反应,有的利用 GSH 的还原反应,各有优缺点。

三、材料和方法

(一)样品采集和菌种来源

市售的面包酵母菌粉,或者淀粉和糖类的食物如面包、馒头等在温度高于20℃条件下经几天放置已经发酵的样品。

(二)培养基

(1)YEPD 培养基(斜面培养及平面纯化用):葡萄糖 20 g,蛋白胨 20 g,酵母膏 10 g,琼脂糖 20 g,水 1 000 mL,pH 6.0。

(2)种子培养基:葡萄糖 20 g,蛋白胨 20 g,酵母膏 10 g,水 1 000 mL,pH 6.0。

(3)摇瓶培养基:酵母膏 5 g,葡萄糖 30 g,$(NH_4)_2SO_4$ 5.0 g,KH_2PO_4 6.0 g,K_2SO_4 3.6 g,$MgSO_4$ 1.5 g,$FeSO_4$ 0.008 g,$MnSO_4$ 0.008 g,水 1 000 mL,pH 6.0。

(三)主要仪器

紫外分光光度计、高效液相色谱仪(配紫外检测器)。

(四)主要试剂

(1)磷酸盐缓冲液:取磷酸二氢钠 6.80 g,庚烷磺酸钠 2.20 g,用磷酸调 pH 至 3.0,加超纯水定容至 1 L。

(2)Tris-HCl 缓冲液:用 Tris 生化试剂加超纯水配制,用盐酸调 pH 至 8,浓度为 0.25 mol/L。

(3)DTNB(5,5-二巯基-2-硝基苯甲酸)溶液:用 DTNB 生化试剂加 0.05 mol/L 磷酸盐缓冲液配成 0.01 mol/L 的溶液,存于棕色瓶中,置低温暗处备用,使用时用 0.25 mol/L Tris-HCl 缓冲液配成 0.1 mmol/L 的 DTNB 溶液。

(4)磺基水杨酸溶液:取磺基水杨酸 6.0 g,加水定容至 100 mL,质量浓度为60 g/L。

四、实验步骤

(一)菌种分离和纯化

将采集的样品在种子培养基中富集培养,30℃,200 r/min,12 h,用无菌水稀释

到 10^{-5},10^{-6},10^{-7},涂布到 YEPD 平板上。挑起单菌落,在 YEPD 培养基进行划线分离纯化,得到纯化菌株,镜检,保留酵母菌株,将生长良好的菌种接种斜面保藏。

(二)复筛和发酵

将纯化好的菌株接种到装有 10 mL 种子培养基的 150 mL 三角瓶中,30℃,200 r/min,12 h,然后取 5 mL 接入装有 50 mL 发酵培养基的 250 mL 三角瓶中,30℃,200 r/min,12 h,然后 4 000 rpm 离心 15 min,保留菌体。

(三)菌体生物量测定

每个菌株吸取 10 mL 发酵液于 5 000 rpm 离心 15 min,弃上清液,洗涤菌体 3 次后,置于烘箱 105℃烘干至恒重,称量得其生物量。

(四)发酵液中 GSH 的提取

(1)收集菌体:将菌株斜面在 30℃培养活化,接种三角瓶中,30℃,180 r/min,培养 2 d,取菌液 5~7 mL 以 5 000 rpm 离心 2 min,取上清液作为待测样品。

(2)冻融法提取菌体中 GSH:将收集到的菌体加入超纯水 3 mL 混匀,于 −20℃冷冻过夜,第二天沸水浴 10 min,取出混匀,以 5 000 rpm 离心 2 min,取上清液作为待测样品。

(五)GSH 含量的测定

1. DTNB 衍生-光度法测定 GSH 含量

(1)标准曲线的绘制:取还原性 GSH 标准品 10 mg 定容至 100 mL,得到 0.100 0 g/L 的 GSH 标准溶液。取 0.0、0.2、0.4、0.6、0.8、1.0 mL GSH 标准溶液,加水至 1.0 mL,分别加入 Tris-HCl 缓冲液 3 mL,混匀后取 1 mL 加到 5 mL DTNB 溶液中,混匀反应 5 min,于 412 nm 波长处测定吸光度。以对照品质量浓度(g/mL)为横坐标,吸光度为纵坐标,绘制标准曲线。

(2)GSH 含量的测定:取待测样品溶液 1.0 mL,按上述 DTNB 衍生-光度法的测定方法测定吸光度,在标准曲线上查出 GSH 浓度(g/mL)。

2. 高效液相色谱法(HPLC)测定 GSH 的含量

(1)色谱条件:DiscoverC18 色谱柱(150 mm×4.6 mm,5 μm),磷酸盐缓冲溶液与甲醇以体积 9∶1 混合作为流动相,流量 1 mL/min,检测波长 210 nm,理论板数按还原型 GSH 峰值计算,应不低于 2 000。

(2)标准曲线的绘制:取还原性 GSH 标准品 15 mg 定容至 50 mL,得到

0.300 0 g/L 的 GSH 标准溶液。取 0.0,0.2,0.4,0.6,0.8,1.0 mL 标准溶液,加水至 1.0 mL,加入磺基水杨酸溶液 0.5 mL,混匀,进样 20 mL,记录峰面积,以 GSH 标准溶液质量浓度(g/mL)为横坐标,峰面积为纵坐标,绘制标准曲线。

(3)GSH 含量的测定:取待测样品溶液 1.0 mL,色谱条件试验方法进行测定,在标准曲线上查出 GSH 的浓度(g/mL)。

五、实验结果记录

(1)在 YEPD 培养基上纯化和保存高产 GSH 的菌株。

(2)通过实验数据比较 DTNB 衍生-光度法与 HPLC 法测定酵母菌体中的 GSH 含量的优缺点?

六、思考题

(1)试分析不同测定方法测定同一样品中的 GSH 含量有一定差异的原因?

(2)现代工业上生产谷胱苷肽的菌种是采用哪些方法获得的?

参考文献

[1] 闫淑珍,陈双林. 微生物学拓展性实验的技术与方法[M]. 北京:高等教育出版社,2012.

[2] 时丽萍,郭学武,张腾宇,等. 高产谷胱甘肽面包酵母菌种的筛选及发酵条件的优化[J]. 食品研究与开发,2008,29(2):30—33.

实验十九

基于 16S rRNA 序列分析的细菌分类鉴定

一、实验目的

学习和掌握基于细菌的 16S rDNA 序列扩增测序、进化树构建的细菌分子分类鉴定方法。

二、实验原理

细菌的 16S rDNA 基因，在分子进化中非常保守，在一定程度上反映细菌的系统发生。所以，细菌的 16S rDNA 序列，经常与细菌的形态特征和生理生化特征结合，被用于微生物的鉴定及其分类地位的确定。微生物含有 3 个 rRNA 分子：23S，16S 和 5S，它们序列长度分别为 2 900，1 540，120 nt。其中 16S rRNA 分子量适中，含有较大信息量，碱基顺序保守性强且稳定，是鉴别生物间进化关系的重要分子，也是研究生物系统进化过程的分子钟。16S rRNA 的序列分析表明它在种以上微生物相关性具有很高的分辨力。

三、实验器材

(1) 菌株：耐辐射嗜热菌 *Anoxybacillus* S1。

(2) 培养基：胰蛋白胨 10 g/L，酵母提取物 5 g/L，NaCl 10 g/L，琼脂 20 g/L，调 pH 值为 8.0，121℃灭菌 20 min。

(3) 主要试剂：EDTA 缓冲液、SDS、NaAc、CTAB、酚-氯仿-异戊醇(25∶24∶1)、TE 溶液、10×PCR buffer、6×Loading buffer 、Mg^{2+} buffer、dNTP、DNA 分子量标准、Taq DNA polymerase、RNase A、蛋白酶 K、溶菌酶、核酸酶 P1、无水乙醇、琼脂糖、胰蛋白胨、酵母提取物、琼脂。

(4) 试剂盒：UNIQ-10 柱式通用 DNA Purification Kit，EZ-10 Spin Column PCR Product Purification Kit。

(5) 细菌 16S rDNA 引物：27F：5′-AGAGTTTGATCATGGCTCAG -3′；1541R：5′-AAGGAGGTGATCCAGCCGCA-3′。

(6) 分析软件:DNASTAR 7.1、MEGA 4.0 和 ClustalX 1.81,用于 DNA 序列的分析、同源性比较及系统发育树分析等。

(7) 主要仪器:试管、三角瓶、量筒、天平、1.5 mL 微量离心管、PCR 反应管、移液枪、电热恒温水槽、涡旋振荡器、pH 计、压力蒸汽灭菌器、超净工作台、恒温调速回转式摇床、高速台式冷冻离心机、PCR 仪、制冰机、低温冰箱、琼脂糖凝胶电泳系统、凝胶扫描仪。

四、操作步骤

(一)细菌基因组 DNA 的提取

(二)菌体的获得

将耐辐射嗜热菌 *Anoxybacillus* S1 接种于灭过菌的培养基中,55℃,150 r/min 振荡培养 24 h,4℃,12 000 rpm 离心 10 min 收集菌体。

(三)CTAB 法抽提基因组 DNA

(1) 收集好的细菌培养物移至 1.5 mL 无菌离心管中,加入 1 mL 无菌水,12 000 rpm 离心 5 min,去除上清液;加入 200 μL 无菌蒸馏水洗涤 1 次,4℃,12 000 rpm,离心 5 min,然后去除上清液。

(2) 加入 200 μL EDTA 缓冲液,重新悬浮细胞,混匀,4℃,12 000 rpm,离心 10 min洗涤,去除上清液;重复一次。

(3) 用 200 μL EDTA 缓冲液重新悬浮细胞,加入 3 μL 溶菌酶溶液(20 mg/mL),2 μL RNase A 溶液(10 mg/mL),混匀,37℃孵育 40 min。

(4) 加入 3 μL Proteinase K 溶液(10 mg/mL),37℃孵育 60 min。

(5) 加入 20 μL 25% SDS 溶液,65℃温育 10 min。

(6) 加入 45 μL 5mol/L NaAc 溶液和 30 μL 2% CTAB 溶液,混合均匀。

(7) 加入等体积的酚-氯仿-异戊醇(25:24:1),4℃,12 000 rpm 离心 5 min,得上清液。

(8)上清液转移至新的 1.5 mL 无菌离心管中,重复(7)一次。

(9)取上清液,加入 2 倍体积的无水乙醇(预冷),混匀,－20℃下静置 20～30 min,4℃,12 000 rpm,离心 5 min,轻轻去除上清液。

(10) 沉淀加入 1 mL 70%乙醇溶液洗涤,4℃,10 000 rpm,离心 2 min,重复一次,彻底去除上清液。室温下将沉淀物中残留的乙醇吹干,直至沉淀变成透明;加入 50 μL TE 溶液溶解,－20℃保存备用。

(四)基因组 DNA 纯化

采用通用 DNA Purification Kit，UNIQ-10 柱。

(1) 按每 100 μL DNA 溶液加 100 μL Binding BufferⅡ，混匀，放置 2 min。

(2) 全部转移到 UNIQ-10 柱，柱子放入 2.0 mL Collection Tube，室温放置 2 min后，10 000 rpm 室温离心 30 s。

(3) 取下 UNIQ-10 柱，弃去离心管中的废液。将柱子放回同一根离心管中，加入 500 μL Wash Solution，10 000 rpm 室温离心 30 s。

(4) 重复步骤(3)一次。

(5) 取下 UNIQ-10 柱，弃去离心管中的全部废液。将柱子放回同一根离心管中，10 000 rpm 室温离心 30 s，以除去残留的 Wash Solution。

(6) 将柱子放入新的干净 1.5 mL 离心管中，在柱子中央加入 50 mL Elution Buffer，室温放置 2 min，提高洗脱液的温度至 55～80℃有利于提高 DNA 的洗脱效率。

(7)10 000 rpm 室温离心 1 min。收集管中的液体即为纯化的 DNA，可立即使用或保存－20℃备用。

(五)基因组 DNA 的检测

采用 1%的琼脂糖凝胶电泳检测基因组 DNA 的长度和纯度。

(1) 灌胶模具的准备：将灌胶模具、梳子清洗干净晾干，然后调平灌胶板。

(2) 琼脂糖胶的配制：先配制足够用于灌满电泳槽和制备凝胶所需的电泳缓冲液 1×TAE(母液为 50×TAE)，然后准确称取所需琼脂糖放入锥形瓶中，加入一定量的电泳缓冲液，用称量纸包于瓶口，于微波炉中熔胶至清澈、透明的溶液状。

(3) 制胶：在熔好的胶中加入 EB(溴化乙啶，终浓度为 0.5 g/mL)2～3 滴，轻轻充分摇匀，待其冷却到 50～60℃时倒胶，插入梳子，凝胶厚度一般为 0.3～0.5 cm，在锥形瓶中加入部分水，置于 EB 台上。

(4) 凝胶：完全凝固后(于室温放置 20～30 min)，在梳子齿附近加入少量电泳缓冲液，然后缓慢轻轻地向上拔掉梳子，把碎胶冲干净，将凝胶放入电泳槽中。

(5) 电泳前的准备：在电泳槽中加入电泳缓冲液(1×TAE)，使其恰好没过胶面约 1 mm。

(6) 点样：加入 DNA Marker，将上样缓冲液(6×Loading Buffer)和样品以 1∶5的比例混匀点样。

(7) 电泳：加好样后盖上盖子，打开电源，电压调至 85 V，电泳 60 min，在溴酚蓝指示距胶末端 1/5 胶长度时停止电泳。

(8) 结果观察：将电泳后的凝胶放在凝胶成像系统中进行拍照观察。

(六)PCR 扩增 16S rDNA 序列

(1)扩增的反应体系(50 μL)

10×PCR Buffer	5 μL
$MgCl_2$(25 mM)	3 μL
dNTP	1 μL
正向引物 27F	1 μL
反向引物 1541R	1 μL
DNA 模板	2 μL
Taq 酶	0.5 μL
ddH_2O	补至 50 μL

(2)依照下列程序进行 PCR 扩增:

采用细菌通用引物进行 16S rDNA 的 PCR 扩增。依照下列程序进行。

94℃	5 min	
94℃	1 min	30 个循环
56℃	1 min	
72℃	2 min	
72℃	10 min	

(3)扩增的 DNA 条带用 2%的琼脂糖凝胶电泳检验。

(4)DNA 经纯化及质粒连接后送样测序。所测序列用 BLAST 软件与 GenBank 和 RDP 数据库进行相似性分析,并与相关的亲近物种用 MEGA 4.0 软件包中的 Neighbor-Joining 法构建系统进化树。用 p-Distance 法,重复抽样1 000 次分析系统树各分枝的置信度。

五、实验记录

(1)琼脂糖凝胶电泳成像图片。

(2)测序结果。

六、思考题

(1)为什么 16S rRNA 序列可用于细菌的分类鉴定?

(2)细菌 DNA 提取过程的注意事项有哪些?

参考文献

[1] 唐丽杰.微生物学实验[M].哈尔滨:哈尔滨工业大学出版社,2005.

[2] 肖明,王雨净.微生物学实验[M].北京:科学出版社,2008.

[3] 杨龙,氡温泉耐辐射嗜热微生物的分类鉴定及其耐辐射机制的初步研究[D].杭州:浙江工商大学,2010.

[4] Osborn F, Blinder R, Justin R E, et al. 精编分子生物学实验指南[M].颜子颖,王海林,译.北京:科学出版社,2001.

[5] Stackebrandt E, Goebel B M. Taxonomic note: a place for DNA-DNA reassociation and 16S rRNA sequence analysis in the present species defenition in bacteriology [J]. Int J Syst Bacteriol, 1994(44).

[7] Grimont P. Use of DNA reasociation in bacterial classification [J]. Can J Microbiol, 1998(34).

[8] Vanda mme P, Pot B, Gillis M, et al. Polyphasic taxonomy, a consensus approach to bacterial systematics [J]. Micribiol Rev, 1996(60).

实验二十

ITS 序列分析法鉴定曲霉菌种

一、实验目的

学习 ITS 序列分析法鉴定真菌的原理和方法。

二、实验原理

传统的真菌分类鉴定主要是按照真菌的形态、生长以及生理生化等特征进行分类。然而真菌的种类繁多，个体多态性明显，而且其生长、生理生化特征也会随着环境的变化而不稳定。因此，采用传统的方法对真菌进行正确分类存在较大的困难。随着分子生物学技术的发展，核酸序列分析已被广泛地应用于真菌分类鉴定，目前常用的技术包括 18S rDNA、ITS(Internal Transcribed Spacer，ITS)及 18S rDNA-ITS 序列分析技术。

真核生物核糖体 RNA(rRNA)有 5、5.8、17～18(以下统称为 18S)和 25～28S(以下统称为 28S)。对于大多数真核生物来说，核糖体 rRNA 基因群的一个重复单位(rDNA)包括以下区段(按 5′→3′方向)：①非转录区(Non Transcribed Sequence)简称 NTS；②外转录间隔区(External Transcribed Spacer)，简称 ETS；③18S rRNA 基因，简称 18S rDNA；④内转录间隔区 1(Internal Transcribed Spacer 1)，简称 ITS1；⑤5.8S rRNA 基因，简称 5.8S rDNA；⑥内转录间隔区 2(Internal Transcribed Spacer 2)，简称 ITS2；⑦28S rRNA 基因，简称 28S rDNA。ITS1 和 ITS2 常被合称为 ITS，并且 5.8S RNA 基因也被包括在 ITS 之内。

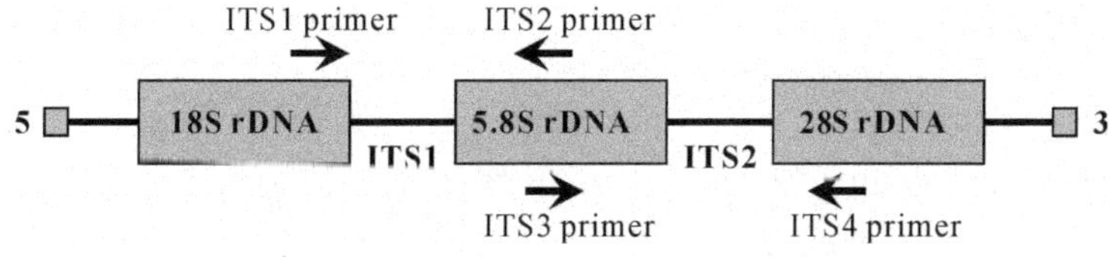

图 20-1 真菌 rDNA 转录区和相关引物

rDNA 上的 5.8、18 和 28S rRNA 基因有极大的保守性，即存在着广泛的异种同源性。而由于 ITS 区不加入成熟核糖体，所以 ITS 片段在进化过程中承受的自然选择压力非常小，因此能容忍更多的变异。在绝大多数的真核生物中表现出极为广泛的序列多态性，即使是亲缘关系非常接近的 2 个种都能在 ITS 序列上表现出差异，显示最近的进化特征。研究表明，ITS 片段的进化速率是 18S rDNA 的 10 倍。这就是 ITS 序列在微生物种类鉴定和群落分析的理论基础。ITS1 和 ITS2 是中度保守区域，其保守性基本表现为种内相对一致，种间差异比较明显。这种特点使 ITS 适合于真菌物种的分子鉴定以及属内物种间或种内差异较明显的菌群间的系统发育关系分析。由于 ITS 的序列分析能实质性地反映属间、种间以及菌株间的碱基对差异，此外 ITS 序列片段较小、易于分析，目前已被广泛应用于真菌属内不同种间或近似属间的系统发育研究。

ITS 序列分析通常通过多聚酶链式反应（PCR）技术实现，根据 rDNA 基因上高度保守区段设计通用引物（引物 ITS1 和 ITS2 用于扩增 18S rDNA 和 5.8S rDNA 之间的转录间隔区 ITS1，引物 ITS3 和 ITS4 用于扩增 5.8S rDNA 和 28S rDNA 之间的转录间隔区 ITS2），借助 PCR 技术扩增 rDNA 的目的片段。通常 ITS 的扩增产物是多种片段的混合物，可以通过克隆实现分离，然后对每一个克隆测序，也可以通过电泳分离获得所需长度的条带胶回收后直接测序。然后借助于详细的序列对比，分析被试菌种与基因序列库中已知菌种的同源性。

三、实验器材

（一）菌种

黑曲霉（*Aspergillus niger*）、米曲霉（*Aspergillus oryzae*）、酱油曲霉（*Aspergillus sojae*）等曲霉菌种。

（二）实验仪器

PCR 扩增仪、微量移液器、水浴锅、低温离心机、电泳仪、电泳槽、凝胶成像系统、超低温冰箱、超纯水生成器、紫外分光光度计等。

（三）实验试剂

1. 酶和试剂盒

真菌 DNA 基因组提取试剂盒、PCR 扩增试剂盒、小量琼脂糖胶回收试剂盒、DNA marker(DL2000 DNA marker)、Taq polymerase、RNase、PCR 引物（引物设计后由公司合成，序列如表 20-1）。

表 20-1 真菌 rDNA-ITS 通用扩增引物

Primer	Sequence(5′to 3′)	Length(bp)
ITS1	TCCGTAGGTGAACCTGCGG	19
ITS2	GCTGCGTTCTTCATCGATGC	20
ITS3	GCATCGATGAAGAACGCAGC	20
ITS4	TCCTCCGCTTATTGATATGC	20

2. 主要溶液及培养基

液氮，TE 缓冲液（pH 7.5），石蜡油，10%SDS，苯酚，氯仿，异戊醇，异丙醇，NaOH 溶液，PBS 缓冲液，Tris-硼酸-EDTA 缓冲液，琼脂糖，0.05%溴酚蓝－50%甘油溶液（5×Loading Buffer），0.5 μg/mL 溴化乙啶染色液等。

部分溶液的配制方法如下。

土豆培养基(PDA)：称取土豆（去皮）200 g，切碎放入水中煮 30 min，纱布过滤，在所得的土豆汁中加入葡萄糖（或蔗糖）20 g，再加水至 1 000 mL，pH 自然。

TE 缓冲液：10 mmol/L Tris-HCl（pH 7.5），1 mmol/L EDTA（pH 8.0），121℃高压灭菌 20 min，备用。其中 1 mmol/L EDTA（pH 8.0）：称取 121.1 g $EDTA\text{-}Na_2$ 溶于 800 mL 去离子水中，剧烈搅拌，用 NaOH 粉末调节 pH 值至 8.0，加水定容至 1 L，分装至 121℃高压灭菌 20 min，4℃冰箱贮存。

10×TBE 缓冲液（pH 8.3）：Tris 107.89 g，EDTA 7.44 g，溶于 800 mL 水中，缓慢加入硼酸，pH 为 8.3，定容至 1 000 mL。

Tris-硼酸-EDTA 缓冲液（TBE 缓冲液），pH 8.3：称取 10.78 g Tris，5.50 g 硼酸，0.93 g $EDTA\text{-}Na_2$ 溶于去离子水，定容至 1000 mL。

DNA 提取液（EDTA 浓度 125 mmol/L）：1 mol/L Tris-HCl 10 mL 与0.5 mol/L 的 EDTA 25 mL 混合，定容至 100 mL。

磷酸盐缓冲溶液(PBS)：在 800 mL 蒸馏水中溶解 8 g NaCl，0.2 g KCl，1.44 g Na_2HPO_4 和 0.24 g KH_2PO_4，用 HCl 调节溶液 pH 值至 7.4，加水定容至 1 000 mL，高压灭菌。

氯仿-异戊醇（24∶1）：将 24 倍体积的氯仿与 1 倍体积的异戊醇混合。

10% SDS(*W*/*V*)：10 g SDS 溶于 75 mL 水中，60℃助溶，调 pH 值至 7.0～7.2，定容至 100 mL。

0.05%溴酚蓝－50%甘油溶液（5×Loading Buffer）：取一定量的 0.1%溴酚蓝水溶液，与等体积甘油混合而成。

0.5 μg/mL 溴化乙啶染色液：称取 5 mg 溴化乙啶，用去离子水溶解，定容至 100 mL。从中取 1 mL，用无离子水稀释至 100 mL。（注意：有毒，戴手套，通风柜内进行。）

四、实验步骤

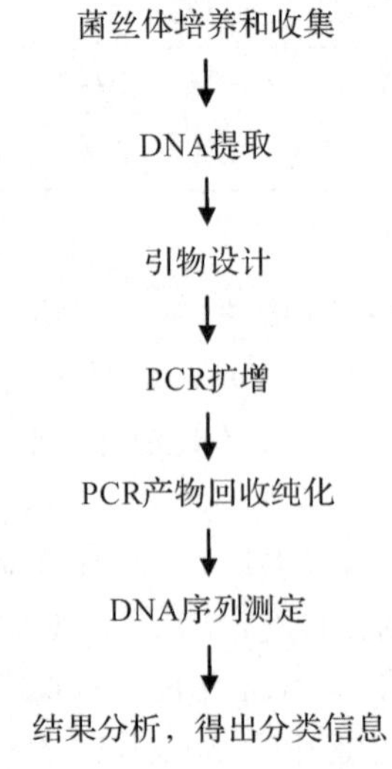

图 20-2　ITS 序列分析实验流程

(一)曲霉菌丝体的培养和收集

将菌种接种到 PDA 培养基上，培养 3 d 后从菌落的边缘取菌丝块，转接到 100 mL PS 液体培养基(马铃薯 200 g，蔗糖 20 g，蒸馏水 1 000 mL)中，于 28℃，150 r/min摇床振荡培养 6 d，离心或 4 层纱布过滤后收集菌丝体，用灭菌的生理盐水洗 2 次，再用灭菌的吸水纸吸干水分，－20℃冰箱保存备用。

(二)基因组 DNA 的提取

取备用菌丝体加适量 dH_2O 充分研磨破碎，用真菌核酸提取试剂盒进行 DNA 提取。如不使用试剂盒也可用其他 DNA 提取方法进行提取。

取 0.2～0.5 g 菌丝体用于基因组 DNA 提取。提取步骤如下：

(1)液氮中充分研磨，转入 2 mL 离心管，每管加 500 μL 预热的 DNA 提取缓冲液(1 g/100 mL CTAB，1.4 mol/L NaCl，80 mmol/L Tris-HCl pH 8.0，20 mmol/L EDTA pH 8.0)，65℃保温 30 min，期间摇动 2～3 次。

(2)加 500 μL 氯仿-异戊醇(24∶1，V/V)，振荡混匀，10 000 rpm 离心 10 min。

(3)取上清，加 2 倍体积预冷无水乙醇，－20℃静置 60 min，10 000 rpm 离心 10 min。

(4)沉淀用 75%的乙醇洗涤两次,室温风干。

(5)沉淀溶于 200 μL TE(pH 7.6),RNase(DNase-free)至 200 mg/L,37℃处理 60 min。

(6)加 200 μL 酚-氯仿-异戊醇(25 : 24 : 1,V/V),振荡混匀,10 000 rpm 离心 10 min。

(7)取上清,加 200 μL 氯仿-异戊醇(24 : 1,V/V),10 000 rpm 离心 10 min。

(8)取上清,加 1/10 体积 3 mol/L NaAc、2×体积预冷无水乙醇,混匀,-20℃静置 60 min,10 000 rpm 离心 10 min。

(9)75%乙醇洗涤两次,室温风干,溶于 50 μL 灭菌双蒸水。-20℃保存备用。

(三)DNA 纯度和含量的测定

取一定量的 DNA 提取液进行一定倍数的稀释后,在 260、280 和 320 nm 下分别测定 OD 值,以($OD_{260}-OD_{320}$)/($OD_{280}-OD_{320}$)计算核酸纯度,自然界核酸纯度范围为 1.6~2.0,一般以 1.8±0.2 为宜;核酸浓度(ng/μL)≈50×($OD_{260}-OD_{320}$)/$L\times D$(L 为光径长度 cm,D 为稀释倍数),根据结果将核酸浓度稀释至适合的 PCR 用模板浓度 100~300 ng/μL。

(四)rDNA-ITS 扩增

以表 20-2 所示的 PCR 反应组成,按以下反应条件扩增全长序列的 ITS。在 PCR 过程为防止水分的蒸发可以加 20 μL 石蜡油覆盖于混合物上。

表 20-2 ITS PCR 的反应组成

components	amount(μL)
PCR Buffer(10×,Mg^{2+} free)	5
$MgCl_2$(25 mM)	4
dNTP(2.5 mM each)	4
Primer-F(20 μM),using ITS1	0.5
Primer-R(20 μM),using ITS4	0.5
Taq DNA polymerase(5 U/μL)	0.25
DNA template(100~300 ng/μL)	2
ddH_2O	Up to 50

反应条件：

94℃	5 min	
94℃	30 s	35 个循环
59℃	30 s	
72℃	60 s	
72℃	10 min	

反应完毕后取 5 μL 用 1%琼脂糖凝胶电泳检测，使用 0.15 μg/mL EB 或 3×GelRed 进行后染 30 min，然后在凝胶成像仪上进行显影成像，观察是否扩增出目的条带。

(五)PCR 产物的纯化

采用小量 DNA 片段快速胶回收试剂盒进行 PCR 产物的纯化，具体操作步骤如下：

(1)用灭菌的刀片割下含目的条带的琼脂块，放入 1.5 mL 灭菌离心管中。

(2)加入溶胶液(100 μL 胶块加 300 μL 溶胶液)，室温溶胶(或 55℃溶胶)，其间偶尔摇动；加入异丙醇(100 μL 胶块加 150 μL 异丙醇)，混匀；将溶解液装柱，12 000 rpm，离心 30 s；弃废液。

(3)加入 500 μL 漂洗液漂洗，12 000 rpm，离心 30 s，重复漂洗一次。倒掉柱下面的废液以后，再于 12 000 rpm 离心 2 min。

(4)在柱子中加入合适体积的洗脱缓冲液(通常用 30～50 μL)，12 000 rpm，3～5 min 离心洗脱。

(5)取 2 μL 回收样品进行琼脂糖凝胶电泳，以检测回收结果，最终的回收样品置－20℃冻存。

(六)r DNA-ITS 测序与分析

经纯化的 PCR 产物送上海生工生物工程技术服务有限公司进行测序。将测得的序列提交美国 NCBI 的 GenBank 获取对比指标靠前的 20 个相似序列，通过 BLAST 工具和 DNAMAN 软件进行比对分析，并以 Neighbor-Joining 方法构建系统发育树。

五、实验记录

(1)PCR 扩增结果。

(2)r DNA-ITS 序列测序与比对结果。

六、思考题

(1)简述 rDNA-ITS 序列分析鉴定真菌菌种的原理。

(2)简述 rDNA-ITS 序列分析鉴定真菌菌种的基本步骤。

参考文献

[1] 陈剑山,郑服丛. ITS 序列分析在真菌分类鉴定中的应用[J]. 安徽农业科学,2007,35(13):3785—3786,3792.

[2] 刘艳梅,朱建兰,杨航宇. 甘肃省曲霉菌的 RAPD 和 ITS 序列分析[J]. 中国酿造,2009(3):73—75.

[3] 燕勇,李卫平,高雯洁,等. rDNA-ITS 序列分析在真菌鉴定中的应用[J]. 中国卫生检验杂志,2008,18(10):1958—1961.

[4] 谢丽源,张勇,邓科君,等. 基于 rDNA-ITS 序列分析的桑黄真菌菌株分子鉴定[J]. 食品科学,2010,31(9):182—186.

[5] 王延华. 永新酱萝卜米曲中主要真菌的 rDNA-ITS 序列分析及其营养成分分析[D]. 南昌:南昌大学,2007.

实验二十一

变性梯度凝胶电泳解析微生物菌群结构

一、实验目的

(1)掌握变性梯度凝胶电泳的原理及用途。

(2)学习变性梯度凝胶电泳的操作方法,并解析环境样品中的微生物菌群结构。

二、实验原理

变性梯度凝胶电泳(denatured gradient gel electrophoresis, DGGE)技术是用于检测 DNA 突变的一种电泳技术。它的分辨精度比琼脂糖电泳和聚丙烯酰胺凝胶电泳更高,可以检测到一个核苷酸水平的差异。其原理是:双链 DNA 分子在一般的聚丙烯酰胺凝胶电泳时,其迁移行为决定于其分子大小和电荷。不同长度的 DNA 片段能够被区分开,但同样长度的 DNA 片段在胶中的迁移行为一样,因此不能被区分。DGGE/TGGE 技术在一般的聚丙烯酰胺凝胶基础上,加入了变性剂(尿素和甲酰胺)梯度或是温度梯度,从而能够把同样长度但序列不同的 DNA 片段区分开来。一个特定的 DNA 片段有其特有的序列组成,其序列组成决定了其解链区域(melting domain, MD)和解链行为(melting behavior)。一个几百个碱基对的 DNA 片段一般有几个解链区域,每个解链区域有一段连续的碱基对组成。当温度逐渐升高(或是变性剂浓度逐渐增加)达到其最低的解链区域温度时,该区域这一段连续的碱基对发生解链。当温度再升高依次达到各其他解链区域温度时,这些区域也依次发生解链。直到温度达到最高的解链区域温度后,最高的解链区域也发生解链,从而双链 DNA 完全解链。因此,即使是大小相同,但碱基排列有差异的 DNA 片段,在不同浓度梯度的变性剂(尿素和甲酰胺)凝胶中电泳,根据部分解离的条件不同,其移动速度不同而得到分离。通过染色后可以在凝胶上呈现为分散的条带。因此,该技术可以分辨具有相同或相近分子量的目的片断序列差异,可以用于检测单一碱基的突变和遗传多样性以及 PCR 扩增 DNA 片段的检测,常常被用于环境样品中复杂微生物菌群的分析。

从环境样品中直接提取总 DNA,经 PCR 扩增到含有某一高度可变区的目的 DNA 序列产物,通过 DGGE 得到图谱。因为每个条带就代表一个微生物物种,所以 DGGE 带谱中条带的数量,即反映该环境微生物群落中类群的数量。为了得到更详细的信息,往往采用种或类群专一性探针与得到的条带进行杂交或将条带切下,重新 PCR 扩增后测序,进而得到部分系统发育信息。

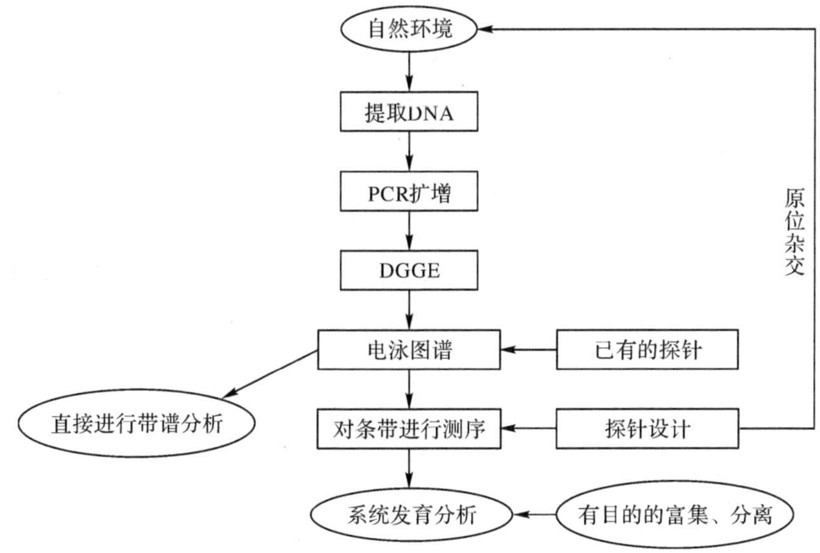

图 21-1 PCR-DGGE 工作流程

根据 DGGE 变性梯度的方向与电泳方向是否一致,可将其分为两种形式的 DGGE。垂直 DGGE 的变性梯度方向垂直于电泳方向,常用的变性剂浓度梯度范围较宽,如 0～100%、20%～70%,常用于优化样品的分离条件(即最佳变性梯度范围),电泳后经染色其 DNA 片段呈现"S"形曲线。水平 DGGE 的变性梯度方向平行于电泳方向,常用的变性剂浓度梯度范围较窄,可用于多个样本的同时分析,能更好地分离 DNA 片段。

三、实验器材

(一)样品

提取天然温泉水的宏基因组并制备 16S rDNA V3 区 PCR 扩增产物,作为本实验的基础材料。

(二)药品

乙二胺四乙酸二钠(EDTA-Na_2),丙烯酰胺-双丙烯酰胺(37.5∶1),Tris,过硫酸铵(APS),TEMED,冰醋酸,去离子甲酰胺,6×Loading Buffer。

(三)溶液

(1)0.5 mol/L EDTA(pH 8.0):在 800 mL 水中加入 186.1 g 二水乙二胺四乙酸二钠,在磁力搅拌器上剧烈搅拌,用 NaOH 调节溶液 pH 值至 8.0(约需20 g NaOH 颗粒),然后定容至 1 L,分装后高压灭菌备用。

(2)50×TAE 缓冲液:242 g Tris,57.1 mL 冰醋酸,100 mL 0.5 mol/L EDTA(pH 8.0),定容至 1 L,高压蒸汽灭菌,室温保存。

(3)40%丙烯酰胺-双丙烯酰胺:40 g 丙烯酰胺-双丙烯酰胺(37.5∶1)用蒸馏水溶解,定容至 100 mL,4℃保存。

(4)丙烯酰胺变性胶制备:DGGE 变性胶中的丙烯酰胺浓度为 8%。变性剂浓度为 0 和 100%的变性胶配方如下所示。

试剂	0%变性剂	100%变性剂
40%丙烯酰胺-双丙烯酰胺	20 mL	20 mL
50×TAE 缓冲液	2 mL	2 mL
去离子甲酰胺	—	40 mL
尿素(Urea)	—	42 g
蒸馏水	至 100 mL	至 100 mL

(5)变性剂溶液:DGGE 的变性胶在普通的丙烯酰胺胶的基础上加入一定浓度的变性剂(甲酰胺和尿素),不同浓度变性剂溶液的配方如下所示。

变性剂浓度	10%	20%	30%	40%	50%	60%	70%	80%	90%
甲酰胺(mL)	4	8	12	16	20	24	28	32	36
尿素(g)	4.2	8.4	12.6	16.8	21	25.2	29.4	33.6	37.8

(6)10% APS 溶液:称取 0.1 g 过硫酸铵,溶解于 0.9 mL 的蒸馏水中。

(四)仪器

压力蒸汽灭菌器、pH 计、移液枪、水平凝胶电泳仪、变性梯度凝胶电泳、凝胶成像系统。

四、实验步骤

(一)DGGE 垂直电泳

1. 丙烯酰胺变性凝胶胶溶液的配制

垂直 DGGE 的变性梯度方向与电泳方向垂直。这种胶适用于确定分离长度相同但序列不同的 DNA 片段的最佳梯度范围。垂直电泳的凝胶溶液中丙烯酰胺-双丙烯酰胺(37.5∶1)的浓度为 8%,低浓度胶的变性剂浓度为 20%,高浓度胶的变性剂浓度为 70%。

2. 垂直梯度胶 7.5 mm×10 mm 制胶板的装配

在灌胶之前,必须先将制胶板装配好,并检查其密封性。DGGE 垂直胶的制胶板装配步骤如下:

(1)先将长玻璃板水平放置,再将两片塑料隔片分别放在长玻璃板的左右两侧,塑料隔片的厚度均为 1.0 mm,有凹槽的那面贴着长玻璃板,并且隔片上的小洞必须在玻璃外侧,使得两片隔片面对面,以确保凝胶溶液能流入"三明治"夹板。

(2)将短玻璃板叠在上面,底部和长玻璃板对齐,两片玻璃板和塑料隔片形成"三明治"夹板。

(3)将"三明治"夹板用左右两个夹具夹紧,并将左右两个注射螺帽拧紧,完全将"三明治"夹板固定住。

(4)将"三明治"夹板放在制胶架上,两边固定住,底部用海绵垫固定防漏,将夹具的螺丝柠松,在玻璃板中间插入直线隔片用来对齐两边的塑料隔板,对齐后将螺丝拧紧,并将直线隔板取出。

(5)将"三明治"夹板从制胶架上取出,在玻璃板中间的顶部插入两孔的梳子,从玻璃板底部的正中间插入中间隔片。

(6)将"三明治"夹板顶部用梳架固定住,确保密封性,然后将整个装置垂直放在制胶架上固定,注意短玻璃的一面正对着自己。

(7)装配好 16 mm×10 mm 制胶板,被中间隔片分成两块 7.5 mm×10 mm 的小制胶板。

3. 垂直梯度胶的制备

在制胶板装配好后,将凝胶溶液用梯度形成器灌入制胶板,静置 1 h,等待凝胶凝固。步骤如下:

(1)将制胶板装置翻转 90°。

(2)共有三根聚乙烯细管,其中两根较长的为 15.5 cm,短的那根长 9 cm。将短的那根与 Y 形管相连,两根较长的则与小套管相连,并连在 10 mL 的注射器上。

(3)在两个注射器上分别标记“高浓度”与“低浓度”，并安装上相关的配件，调整梯度传送系统的刻度到适当的位置。

(4)反时针方向旋转凸轮到起始位置。旋松体积调整旋钮，将体积设置显示装置固定在注射器上并调整到 4.5，旋紧体积调整旋钮。

(5)配制两种变性浓度的丙烯酰胺溶液各 10 mL，置于两个离心管中。

(6)每管加入 60 μL 10% APS，10 μL TEMED，迅速盖上并旋紧帽后上下颠倒数次混匀。用连有聚乙烯管标有“高浓度”的注射器吸取所有高浓度的胶，对低浓度的胶同样操作。

(7)通过推动注射器推动杆小心赶走气泡并轻柔地晃动注射器，推动溶液到聚丙烯管的末端(注意不要将胶液推出管外，因为这样会造成溶液的损失，导致最后凝胶体积不够)。

(8)分别将高浓度、低浓度注射器放在梯度传送系统的正确一侧固定好(注意位置一定要放正确)，再将注射器的聚丙烯管同 Y 形管相连。

(9)轻柔并稳定地旋转凸轮来传送溶液，此步骤最关键是要保持恒定匀速且缓慢地推动凸轮，以使溶液恒速地被灌入到三明治式的凝胶板中。

(10)让凝胶聚合大约一个小时，待凝胶凝固后，将制胶装置翻转 180°，用同样的方法将另一块胶制好。

4. 电泳

(1)在电泳槽中加入 7 L1×TAE 缓冲液，并把电泳控制装置打开，预热到 60℃。

(2)等两块胶都聚合完毕后拔走梳子，将胶放入电泳槽内，清洗点样孔，盖上温度控制装置使温度上升到 60℃。

(3)将 16S rDNA 样品和 6×Loading Buffer 以 5∶1 混合，用注射针点样。

(4)按设定好的条件进行电泳，60℃，恒压 80 V，电泳 1 h。

(5)电泳完毕后用 EB 染色，然后用 Bio-Rad Quantity One system 拍照。

(二)DGGE 水平电泳

1. 丙烯酰胺变性凝胶胶溶液的配制

水平 DGGE 可以用来分析大量的样品。水平电泳的凝胶溶液中丙烯酰胺-双丙烯酰胺(37.5∶1)的浓度为 8%，低浓度胶的变性剂浓度为 35%，高浓度胶的变性剂浓度为 55%。

2. 水平梯度胶 16 mm×16 mm 制胶板的装配

(1)先将长玻璃板水平放置，再将两片塑料隔片分别放在长玻璃板的左右两侧，塑料隔片的厚度均为 1.0 mm。

(2)将短玻璃板叠在上面,底部和长玻璃板对齐,两片玻璃板和塑料隔片形成"三明治"夹板。

(3)将"三明治"夹板用左右两个夹具夹紧,将"三明治"夹板放在制胶架上,两边固定住,底部用海绵垫固定防漏。

(4)将夹具的螺丝柠松,在玻璃板中间插入直线隔片用来对齐两边的塑料隔板,对齐后将螺丝拧紧,并将直线隔板取出。

3.水平梯度胶的制备

(1)将海绵垫固定在制胶架上,把类似"三明治"结构的制胶板系统垂直放在海绵上方,用分布在制胶架两侧的偏心轮固定好制胶板系统,注意一定是短玻璃的一面正对着自己。

(2)共有三根聚乙烯细管,其中两根较长的为 15.5 cm,短的那根长 9 cm。将短的那根与 Y 形管相连,两根长的则与小套管相连,并连在 30 mL 的注射器上。

(3)在两个注射器上分别标记"高浓度"与"低浓度",并安装上相关的配件,调整梯度传送系统的刻度到适当的位置。

(4)反时针方向旋转凸轮到起始位置。为设置理想的传送体积,旋松体积调整旋钮,将体积设置显示装置固定在注射器上并调整到 14.5,旋紧体积调整旋钮。

(5)配制两种变性浓度的丙烯酰胺溶液各 20 mL,置于两个离心管中。

(6)每管加入 120 μL 10% APS,20 μL TEMED,迅速盖上并旋紧帽后上下颠倒数次混匀。用连有聚乙烯管标有"高浓度"的注射器吸取所有高浓度的胶,对低浓度的胶同样操作。

(7)通过推动注射器推动杆小心赶走气泡并轻柔地晃动注射器,推动溶液到聚丙烯管的末端。

(8)分别将高浓度、低浓度注射器放在梯度传送系统的正确一侧固定好,再将注射器的聚丙烯管同 Y 形管相连。

(9)轻柔并稳定地旋转凸轮来传送溶液,此步骤最关键是要保持恒定匀速且缓慢地推动凸轮,以使溶液恒速地被灌入到"三明治"式的凝胶板中。

(10)小心插入梳子,让凝胶聚合大约一个小时。在电泳槽中加入 7 L1×TAE 缓冲液,并把电泳控制装置打开,预热至 60℃。

(11)聚合完毕后拔走梳子,将胶放入到电泳槽内,清洗点样孔。

(12)将 16S rDNA 样品和 5×Loading Buffer 以 5∶1 混合,用注射针点样,上样量为 30 μL PCR 产物。

(13)盖上温度控制装置使温度上升至 60℃,然后开始电泳。

(14)电泳完毕后用 EB 染色,然后用 Bio-Rad Quantity One System 拍照。

4. 电泳条件

水平 DGGE 的电泳条件为 60℃，恒压 150 V，电泳 4.5 h。

(三)特征条带的回收及纯化

纯化的 PCR 产物进行 DGGE 分析后，然后根据需要对图谱中的条带进行割胶回收。

(1)用干净的无菌手术刀片将特征条带切割下来，用无菌蒸馏水清洗胶表面后放入洁净的无菌 1.5 mL 离心管中。

(2)用无菌枪头将凝胶块捣碎。

(3)加入 20 μL ddH_2O，混匀，4℃下放置过夜。

(4)稍微离心，将上清液转移到新的 1.5 mL 离心管中。

将回收到的 DNA 片段再进行 PCR 扩增，PCR 反应体系和程序同上。将回收 DNA 的 PCR 产物再用 DGGE 分析，确定此条带在 DGGE 图谱上的位置和原始条带一致，才能进行序列分析。

(四)16S rDNA 序列分析

回收到的 DNA 片段经过 PCR 扩增，16S rDNA 扩增引物 F341-GC/R518，模板为回收产物 10 μL，程序采用降落 PCR。测序由上海生工生物工程有限公司完成。登录 NCBI(www.ncbi.nlm.nih.gov/blast/)，将所得序列与数据库中已知序列进行比较。用 Clustal X 进行相似性分析，然后用 MEGA 4.0 软件构建系统发生树。

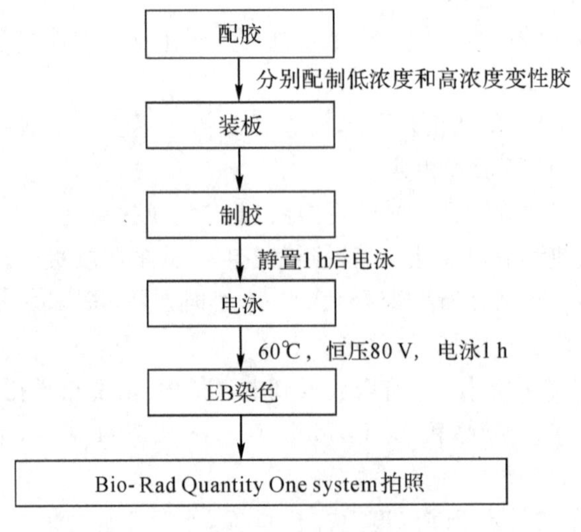

图 21-2 系统发生树

五、实验记录

(1)分析电泳后形成的条带。

(2)将实验拍照结果贴到指定框内。

六、思考题

(1)DGGE 技术可以应用到哪些领域?

(2)DGGE 在制胶过程中有哪些注意事项?

(3)V3 区为何可被用于细菌的分类学研究?

参考文献

[1] 都立辉,刘芳. 16S rRNA 基因在细菌菌种鉴定中的应用[J]. 乳业科学与技术,2006,120(5):207—209.

[2] Liang ZB, Drijber RA. A DGGE-cloning method to characterize arbuscular mycorrhizal community structure in soil [J]. Soil Biology and Biochemistry, 2008, 40(4): 956—966.

[3] Cherif H, Ouzari H, et al. Bacterial community diversity assessment in municipal solid waste compost amended soil using DGGE and ARISA fingerprinting methods[J]. World Journal of Microbiology & Biotechnology, 2008, 24(7): 1159—1167.

[4] Yoshida A, Seo Y, et al. Actinomycetal community structures in seawater and freshwater examined by DGGE analysis of 16S rRNA gene fragments [J]. Marine biotechnology, 2008, 10(5): 554—563.

[5] Smalla K, Oros-Sichler M, Milling A, et al. Bacterial diversity of soils assessed by DGGE, T-RFLP and SSCP fingerprints of PCR-amplified 16S rRNA gene fragments: do the different methods provide similar results? [J]. Journal of Microbiological Methods, 2007, 69(3): 470—479.

[6] The DCodeTM Universal Mutation Detection System. Catalog Numbers 170—9080 through 170—9104.

[7] Zidkova K, Kebrdlova V. Detection of variability in apo(a) gene transcription regulatory sequences using the DGGE method [J]. Clinica Chimica Acta, 2007, 376(1): 77—81.

[8] Hong H, Pruden A, Reardon K F. Comparison of CE-SSCP and DGGE for monitoring a complex microbial community remediating mine drainage [J]. Journal of Microbiological Methods, 2007, 69(1): 52—64.

[9] 杨龙.氡温泉耐辐射嗜热微生物的分类鉴定及其耐辐射机制的初步研究[D].杭州:浙江工商大学,2010.

实验二十二

细菌群体感应的快速筛选

一、实验目的

(1)了解细菌群体感应的检测原理。

(2)掌握细菌群体感应的检测方法,为基于细菌群体感应抑制剂的筛选提供指导。

二、实验原理

群体感应(quorum sensing)是指细菌向环境中分泌、释放一些小分子量的化学信号分子促进细菌个体间的相互交流,协调群体行为从而调节微生物生理特性的机制。紫色色杆菌(*Chromobacterium violaceum*)紫色素的合成机制受细菌群体感应的调控。紫色色杆菌突变株 CV026 为 ATCC31532 的 mini-Tn5 突变体,不能合成 AI-1 信号分子(酰基高丝氨酸内酯类化合物,AHLs),因而不能产生紫色色素;当外源环境中存在较高浓度的 AHLs,菌体会产生特征性的紫色色素,指征细菌群体感应调控的相关基因表达。*Agrobacterium tumefaciens* A136(pCF218/pCF372)含有 *ptra I-lac Z* 融合基因和 *traR* 基因,细胞自身不合成高丝氨酸内酯。当环境中存在信号分子时,*TraR5* 与信号分子结合从而启动启动子的转录,进而使 *lac Z* 基因表达半乳糖酶,从而使培养基(加入有 X-gal)变蓝色。Ⅱ类信号分子即自诱导物 AI-2(呋喃硼酸二酯类化合物),首先在哈氏弧菌(*Vibrio harveyi*)群体感应系统时发现。用于检测 AI-2 的指示菌是哈氏弧菌 BB170,能特异性地检测环境中的Ⅱ类信号分子并生物发光,通过检测光强度方法可以方便地检测出目标菌是否能产生Ⅱ类信号分子或者样品中是否含有此类信号分子。哈氏弧菌 BB152(autoinducer1^-,autoinducer2^+)为 AI-1 缺陷型,可产生 AI-2,实验中作为阳性对照。

三、实验器材

(1) 菌种:紫色杆菌(*Chromobacterium violaceum*)CV026,根癌农杆菌(*Agrobacterium tumefaciens*)A136,哈氏弧菌(*Vibrio harveyi*)BB170,哈氏弧菌(*Vibrio harveyi*)

BB152,待测样品。

(2)培养基:液体 LB 培养基、固体 LB 培养基、LM 培养基、AB 培养基。

(3)抗生素:A136 菌种培养用壮观霉素(Sp)50 μg/mL、四环素(Tc)4.5 μg/mL。CV026 菌种培养用卡那霉素(Km)20 μg/mL。

(4)仪器:恒温培养箱、恒温调速摇床、移液枪、pH 计、电子天平、电热鼓风干燥箱、无菌操作台、电磁炉、-80℃冰箱、-20℃冰箱、台式高速冷冻离心机、微生物高通量筛选系统—荧光检测仪、0.22 微米滤膜、1 mL 一次性无菌注射。

(5)其他:培养皿、三角瓶、打孔器。

四、实验步骤

(一)高丝氨酸内酯类信号分子(AI-1)检测

1. 平行划线法

(1) 指示菌(CV026 或 A136)与待测菌过夜活化培养,培养基中加入相应的抗生素。

(2) 用接种环或牙签(灭菌)分别挑取指示菌和待测菌在 LB 平板上平行划线。

(3) 指示菌本身作阴性对照,分别用 C6 和 C8 的信号分子作阳性对照。

(4) 用 A136 为指示菌时固体 LB 中加入终浓度为 50 μg/mL 的 X-gal。

(5) 将划好的平板倒置于 30℃的恒温培养箱中过夜培养。

示意图如下:

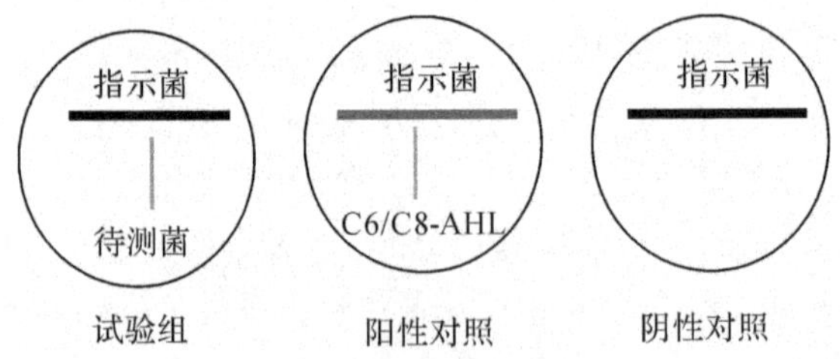

图 22-1 平板划线检测法

2. 打孔法检测法

(1) 培养液提取物的制备:待测菌过夜培养,离心获得 10 mL 上清液,用等体积的乙酸乙酯提取 3 次,有机相合并后,35℃旋转蒸干,再用适量的甲醇溶出(1~2 mL),得粗提物。

(2) 报告平板制备:LB 固体培养基加热熔化,待冷却至 45℃左右加入 10 mL 过夜培养的指示菌 CV026 或 A136(加入终浓度为 50 μg/mL 的 X-gal)混匀后立即倒平板。待凝固后,用直径为 6 mm 的打孔器(经灭菌处理)在平板上均匀打孔,在每孔中加入 50 μL 上述提取液。30℃正置培养 18 h 左右，观察结果。

示意图如下：

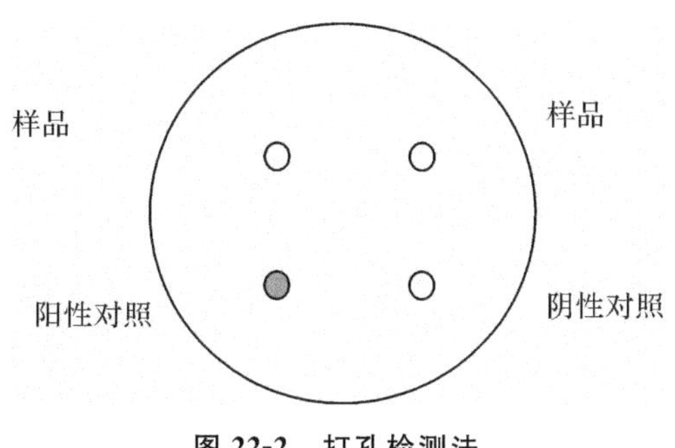

图 22-2　打孔检测法

(二)AI-2 类信号分子的检测

(1) 待测菌活化培养后无菌过滤得到无细胞上清液，样品置－20℃保存。

(2) 哈氏弧菌 BB152 的活化培养：将储存于－80℃的甘油管菌种按 1％的接种比例接种于 LM 培养基中，30℃，220 r/min 振荡培养过夜。

(3) 将培养过夜的菌液以 1％的比例接种于新鲜的 AB 培养基中培养过夜，取 1～2 mL用 0.22 μm 无菌水膜过滤，得到阳性对照样品(AI-2-like fluids)置－20℃保存。

(4) 哈氏弧菌 BB170 的活化培养：将储存于－80℃的甘油管菌种按 1％的接种比例接种于 LM 培养基中，30℃，220 r/min 培养过夜(12～16 h)。

(5) 以 1％的比例接种 BB170 于新鲜的 AB 培养基中，再次培养过夜。

(6) 将指示菌 BB170 用新鲜的 AB 培养基稀释 5 000 倍后加入到 96 孔板中，加入量为 80 μL。

(7) 将样品以及制得的阳性对照样(AI-2-like-fluids)加入到相应的孔中，加入量均为 20 μL。

(8) 将 96 孔板放入高通量检测仪进行发光强度检测。

(9) 数据记录与处理。

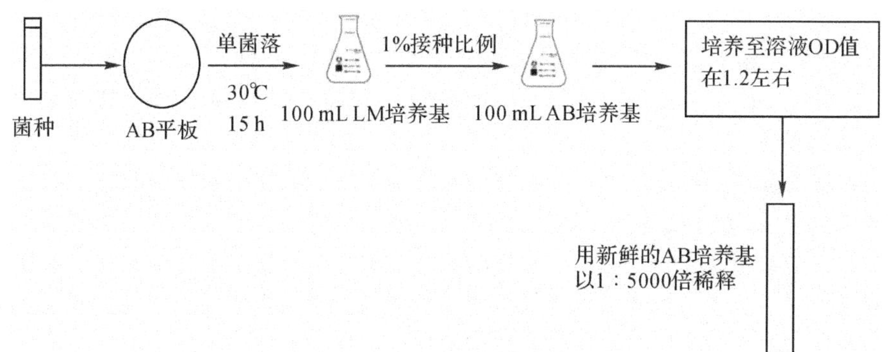

图 22-3　BB170 活化示意

五、实验记录

(1)平板划线法中指示菌菌落变色情况。
(2)打孔法实验中蓝色圈是否形成,测量直径。
(3)AI-2 测定实验生物发光强度数据记录。

六、思考题

(1) 进行菌种活化时为什么要进行 2 次活化？在进行二类信号分子检测时为什么最后要稀释 5 000 倍？

(2) 为什么可以用农杆菌和紫杆菌作为指示菌检测信号分子,它们的检测原理是什么？

(3) 用哈氏弧菌 BB170 作为指示菌检测时,发现结果不是预设的那样,可能的问题出在哪里？

(4) 在所有的实验操作过程中有哪些注意事项。

参考文献

[1] 薛挺. 大肠杆菌及金黄色葡萄球菌 AI-2 群体感应系统的调控研究[D]. 合肥：中国科学技术大学,2009.

[2] Yevgeniy Turovskiy, Michael L. Chikindas0. Autoinducer-2 bioassay is a qualitative, not quantitative method influenced by glucose[J]. Journal of Microbiological Methods,2006(66):497—503.

[3] Wang Meizhen, Zheng Xin, He Hongzhen,et al. Ecological roles and release patterns of acylated homoserine lactonesin *Pseudomonas* sp. HF-1 and their implications in bacterial bioaugmentation[J]. Bioresource Technology,2012(125):119—126.

[4] Ramiro Vilchez, Stefan Schulz, Irene Wagner-Dbler. Analysing traces of autoinducer-2 requires standardization[J]. Anal Bioanal Chem,2007(387):489—496.

[5] Fernandez-Bunster G,Gonzalez C,Barros J,et al. Quorum sensing circuit and reactive oxygen species resistance[J]. Curr Microbiol, 2012(65):719—725.

实验二十三

物理诱变构建链霉菌高产突变库

一、实验目的

(1)学习和掌握紫外诱变育种的方法及测定诱变剂最适剂量的方法。

(2)了解^{60}Co-γ辐照诱变的原理和方法。

(3)掌握琼脂块法筛选突变株的方法。

二、实验原理

辐射诱变,即用α射线、β射线、γ射线、X射线、中子和其他粒子、紫外辐射以及微波辐射等物理因素诱发变异。当通过辐射将能量传递到生物体内时,生物体内各种分子便产生电离和激发,接着产生许多化学性质十分活跃的自由原子或自由基团。它们继续相互反应,并与其周围物质特别是大分子核酸和蛋白质反应,引起分子结构的改变。由此又影响到细胞内的一些生化过程,如DNA合成的中止、各种酶活性的改变等,使各部分结构进一步深刻变化,其中尤其重要的是染色体损伤。由于染色体断裂和重接而产生的染色体结构和数目的变异即染色体突变,而DNA分子结构中碱基的变化则造成基因突变。那些带有染色体突变或基因突变的细胞,经过细胞世代将变异了的遗传物质传至性细胞或无性繁殖器官,即可产生生物体的遗传变异。

紫外线是一种最常用有效的物理诱变因素,其诱变效应主要是由于它引起DNA结构的改变而形成突变型。紫外线诱变,一般采用15W或30W紫外线灯,照射距离为20～30 cm,照射时间依菌种而异,一般为1～3 min,死亡率控制在50%～80%为宜。被照射处理的细胞,必须呈均匀分散的单细胞悬浮液状态,以利于均匀接触诱变剂,并可减少不纯种的出现。同时,对于细菌细胞的生理状态则要求培养至对数期为最好。

^{60}Co-γ辐照诱变,一般将菌种的单孢子悬液置于不同剂量的^{60}Co-γ射线当中,照射适当的时间,将处理液适当的稀释,涂布于抗性平板上,进行有目的的筛选。

在产量性状诱变育种中,诱变处理后的微生物群体中,将会出现各种突变类型的个体,但其中绝大多数个体是负向突变。要将其中极少数的产量提高较为显著的正向突变个体筛选出来确实是比较困难的。为了花最少时间、最少的工作量取得最大的成效，就要设计和采用效率较高的筛选方案和适宜的筛选方法。琼脂块法是筛选菌株工作中一种基本而又重要的方法。它是通过对诱变之后抗性平板上长出来的若干单菌落进行打孔，培养，然后在检测平板上所形成的抑菌圈大小初步筛选菌株。这种方法可为之后的筛选工作减少压力，提高筛选的效率，减少筛选的盲目性。

三、实验材料及仪器

(一)出发菌株

出发菌种：链霉菌(*Streptomyces fungicidious*)。

检定菌：枯草芽孢杆菌(*Bacillus subtilis*)ATCC6633。

(二)培养基

(1)链霉菌活化培养基：可溶性淀粉 2%，NaCl 0.05%，KNO_3 0.1%，$K_2HPO_4 \cdot 3H_2O$ 0.05%，$MgSO_4 \cdot 7H_2O$ 0.05%，$FeSO_4 \cdot 7H_2O$ 0.000 1%，琼脂 2%，pH 7.4～7.6。

(2)培养基Ⅰ：蛋白胨 1%，牛肉浸出粉 0.5%，NaCl 0.25%，琼脂 1.5%，pH 6.4～6.6。

(3)培养基Ⅱ：蛋白胨 0.5%，牛肉浸出粉 0.5%，NaCl 0.8%，Na_2HPO_4 0.2%，琼脂 1.5%，pH 7.9～8.1。

(4)种子培养基：玉米浆 3.5%，可溶性淀粉 3.0%，玉米蛋白粉 0.5%，$CaCO_3$ 2.0%，pH 7.0。

(5)发酵培养基：葡萄糖 4.0%，玉米淀粉 2.0%，玉米浆 2.0%，玉米蛋白粉 3.0%，NH_4Cl 0.5%，NaCl 1.5%，$CaCO_3$ 1.5%，pH 7.0～7.2。葡萄糖与玉米淀粉单独灭菌，使用前与其他培养基成分混合。

(三)仪器

高速冷冻离心机、恒温调速回转式摇床、高压蒸汽灭菌锅、人工培养箱鼓风干燥箱等。

四、实验步骤

(1)单孢子悬液的制备：取单菌落的产恩拉霉素链霉菌的孢子在高氏Ⅰ号培养基上划线，于 28℃培养 7 d。然后用 15 mL 无菌生理盐水洗下孢子，倒入无菌三角瓶中,置于磁力搅拌器上,使孢子分散,用无菌脱脂棉过滤得到单孢子悬液。采用血球计数板法,调整单孢子悬浮液中孢子浓度为 10^8 个/mL。

(2)最小抑菌浓度实验:将制备的单孢子悬液用 10 倍稀释法,依次稀释 10^{-1},10^{-2},10^{-3},10^{-4},10^{-5},10^{-6},10^{-7} 几个梯度,分别取 200 μL 涂布于添加 0.1%,0.2%,0.3%,0.4%,0.5%浓度的恩拉霉素的高氏Ⅰ号平板上,对照组平板不添加,置 28℃培养 7 d。

(3)紫外诱变:取 10 mL 单孢子悬液于培养皿中(带磁力搅拌棒),置于诱变箱磁力搅拌器上,开启紫外灯,预热 20 min 后,开启磁力搅拌器,打开皿盖,分别照射 15,30,45,60,75,90 s。取不同时间段诱变处理液 1 mL,做适当稀释,测定处理液中存活细胞浓度(每时间做 3 个稀释度,每 1 稀释度做 3 皿平行)。孢子悬浮液进行适当稀释后涂布于加有比最小抑菌浓度大 3 倍的恩拉霉素的高氏Ⅰ号平板上,并且同时涂布空白平板上,置 28℃培养 3 d。

(4)^{60}Coγ 辐照诱变:取新鲜制备的菌株单孢子悬液,离心沉淀后重新悬浮于适量无菌水中,分装 3 管以 300Gy、500Gy、700Gy 的辐照剂量进行^{60}Coγ 射线辐照。辐照完成之后将孢子悬浮液进行适当稀释后涂布于加有比最小抑菌浓度大 3 倍的恩拉霉素的高氏Ⅰ号平板上,并且同时涂布空白平板上,置 28℃培养 3 d。

(5)致死率和突变率计算:

致死率(%)=(未经诱变培养基中菌落总数－诱变培养基中菌落总数)/未经诱变培养基中菌落总数×100%

正突变率(%)=诱变筛选具有活性产物的突变体总数/诱变筛选挑取的菌落总数×100%

负变异率(%)=诱变筛选活性较对照菌株低的突变体总数/诱变筛选挑取的菌落总数×100%

(6)琼脂块初筛法:用灭过菌的 8 mm 孔径的打孔器将已培养 3 d 的单菌落打下,打下之后的琼脂块置于无菌的恒温恒湿小室中培养 7 d,放置于含有 2%检定菌的琼脂平板上 37℃培养 16～18 h,测定抑菌圈大小,如图 23-1 所示。以出发菌株为对照。

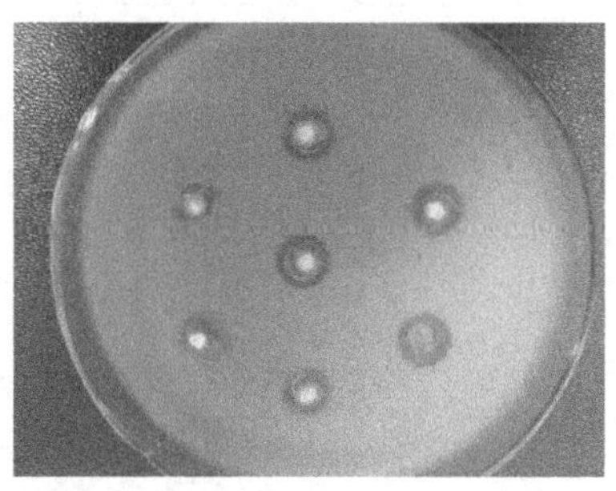

图 23-1　琼脂块初筛示意

(7)摇瓶复筛：挑选出正突变菌株，摇瓶发酵，于 28℃，220 r/min 条件下振荡培养 11 d，管碟法测抑菌圈直径大小。筛选出高产突变株，并做菌种保藏。

五、实验记录

(1) 细胞存活率和回复突变率的结果填入下表：

表 23-1　两种诱变对链霉菌存活率的影响

照射时间	稀释度	平板菌数(个/毫升)			细胞浓度平均值(个/毫升)	存活率(%)
		1	2	3		
15s 或 300Gy	① ② ③					
30s 或 500Gy	① ② ③					
45 s、90 s 或 700Gy						
对照(处理前)	① ② ③					100

表 23-2　细胞的回复突变率

照射时间	稀释度	平板菌落数(个/毫升)			回复突变细胞浓度(个/毫升)	回复突变率(%)
		1	2	3		
对照(处理前)	① ② ③					
15s 或 300Gy	① ② ③					
30s 或 500Gy	① ② ③					
45 s、90 s 或 700Gy						

(2) 绘制细胞存活率和突变率曲线。

(3) 两种诱变实验效价测定结果记录。

六、思考题

(1) 诱变育种过程中要注意的关键问题是什么?

(2) 涂布好的平板为什么要半小时以后倒置培养?

(3) 你觉得实验过程中还需要注意哪些细节?

(4) 除了本实验介绍的诱变育种方法,你还能想到哪些常用的诱变育种方法?

参考文献

[1] 杜连祥. 工业微生物学实验技术[M]. 天津:天津科学技术出版社,1992.

[2] 沈萍,陈向东. 微生物学实验[M]. 4 版. 北京:高等教育出版社,2007.

[3] 彭珍荣. 现代微生物学[M]. 武汉:武汉大学出版社,1995.

[4] 汪天虹. 微生物分子育种原理与技术[M]. 北京:化学工业出版社,2005.

[5] Lederberg J. Encyclopedia of Microbiology[M]. San Diego: Academic Press, Inc,2000.

实验二十四

工业链霉菌基因组重排育种试验

一、实验目的

通过基因组重排技术与核糖体工程相结合，选育阿维拉霉素生产菌株。

二、实验原理

阿维拉霉素（Avilamycin）又称卑霉素、阿美拉霉素、肥拉霉素，是由绿色产色链霉菌（*Streptomyces viridoehrongenes*）菌株发酵而成的二氯异扁枝衣酸酯，属于正糖霉素族的寡糖类抗生素，主要抑制革兰氏阳性菌，对革兰氏阴性菌效果较差，是一种新型消化促进剂和代谢调节剂。

基因组重排技术是通过原生质体融合达到全基因组片段交换、重组的目的，之后再经多轮递归融合将正向突变表型聚集于高产菌株中。原生质体融合在多亲本的条件下其重组效率很低，多轮递归融合基因组重排具有高效性。原生质体递归融合过程，包括制备原生质体（主要参考因素有菌龄、酶解浓度、酶解温度和时间），融合和再生原生质体（主要参考因素有助融剂的选择、高渗溶液和再生培养基的设计等）。其过程主要包括：①获取一个含有各种不同正突变的基因库；②制备原生质体；③诱导原生质体递归融合；④设计特殊的选择性培养基。

本实验先经过^{60}Coγ 诱变得到基因型不同的多株出发菌株，再由此进行多轮原生质体融合，从而通过基因组重排以获得高产菌株。进化压力的选择是基于核糖体工程的育种思想而设计。

三、实验器材

（一）菌种

绿色产色链霉菌 *Streptomyces viridochromogenes* 4.1119，60Coγ 诱变高产菌株 1-16、1-17、1-19。

藤黄微球菌（*Microccus luteus* 10209）。

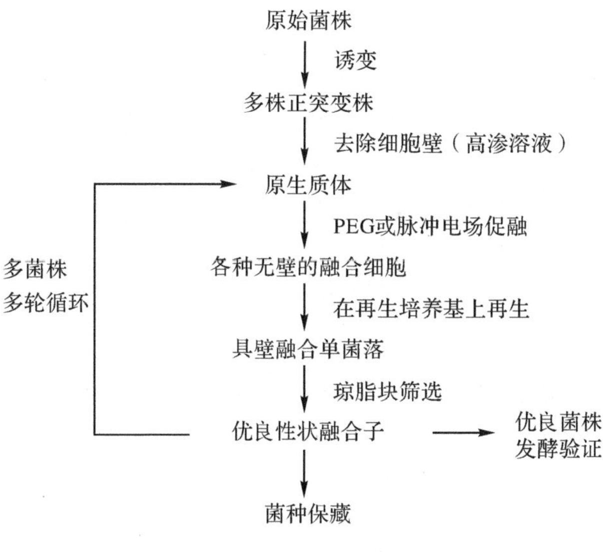

图 24-1　育种路线图

(二)培养基

(1) 链霉菌活化培养基：KNO_3 1.0 g/L，可溶性淀粉 20.0 g/L，K_2HPO_4 0.5 g/L，$MgSO_4 \cdot 6H_2O$ 0.5 g/L，$FeSO_4 \cdot 7H_2O$ 0.01 g/L，NaCl 0.5 g/L，Agar 20.0 g/L，pH 7.2～7.4。

(2) 再生培养基：KH_2PO_4 0.025%，蔗糖 10.3%，$MgC1_2 \cdot 6H_2O$ 1.12%，葡萄糖 1.0%，蛋白胨 0.01%，酵母浸出粉 0.5%，微量元素溶液 0.2 mL/100 mL，TES1.0 mL/100 mL，琼脂 2.0%。分装 250 mL 于 500 mL 锥形瓶中，然后各加入单独灭菌的 KH_2PO_4(0.5%)，$CaC1_2 \cdot 2H_2O$(2.5 M) 和 NaOH(1.0 M) 分别为 2.5 mL，2.0 mL 和 1.75 mL。

(3) 链霉菌发酵基本培养基：可溶性淀粉 20.0 g/L，豆粕粉 20.0 g/L，大豆蛋白胨 5.0 g/L，D-木糖 7.0 g/L，L-缬氨酸 2.0 g/L，$CaCO_3$ 0.5 g/L，$MgSO_4$ 0.5 g/L，微量元素。pH 7.2～7.4。

(4) 牛肉膏蛋白胨液体培养基：牛肉膏 3.0 g/L，蛋白胨 10.0 g/L，NaCl 5.0 g/L，pH 7.0～7.2。

(5) 牛肉膏蛋白胨半固体培养基：牛肉膏 3.0 g/L，蛋白胨 10.0 g/L，NaCl 5.0 g/L，琼脂 10.0 g/L，pH 7.0～7.2。

(6) 牛肉膏蛋白胨固体培养基：牛肉膏 3.0 g/L，蛋白胨 10.0 g/L，NaCl 5.0 g/L，琼脂 20.0 g/L，pH 7.0～7.2。

(三)药品与试剂

可溶性淀粉、葡萄糖、硝酸钾、磷酸氢二钾、硫酸镁、硫酸亚铁、氯化钠、磷酸二氢钾、蔗糖、氯化镁、蛋白胨、酵母浸出粉、氯化钙、氢氧化钠、豆粕粉、大豆蛋白胨、D-木糖、牛肉膏、L-缬氨酸、碳酸钙、氯化锰、PEG6000、甲醇、乙腈、乙酸铵。

(四)溶液

(1)微量元素:$ZnCl_2$ 40 mg,$FeCl_3 \cdot 6H_2O$ 200 mg,$CaCl_2 \cdot 2H_2O$ 10 mg,$MnCl_2 \cdot 4H_2O$ 10 mg,$NaB_4O_7 \cdot 10H_2O$ 10 mg,$(NH_4)_6M_7O_{24} \cdot 4H_2O$ 10 mg,加入至1 000 mL蒸馏水中。

(2)高渗溶液 PB:蔗糖 10.3 g,K_2SO_4 0.025 g,$MgCl_2 \cdot 6H_2O$ 0.202 g,微量元素溶液 0.2 mL,用去离子水定容到 88 mL,灭菌;再加入单独灭菌的 KH_2PO_4(0.5%),$CaCl_2 \cdot 2H_2O$(2.5M)和 TES 各 10.0 mL。

(3)TES 缓冲液:Tris-HCl(pH 8.0)10 mM,EDTA 1 mM,SDS 0.1 mM。

(4)酶溶液:称取 0.2 g 溶菌酶溶解在 100 mL PB 液中,配制成浓度为 0.2%的酶溶液。

(五)主要仪器设备

SORVALL RC6 型高速冷冻离心机、DYK-Ⅱ恒温调速回转式摇床、XDD 型电热立式压力蒸汽消毒器、无菌操作台、DK-8D 型电热恒温水槽(上海森信实验仪器有限公司)、移液枪、分析天平、pH 计、高效液相色谱仪(惠普公司)。

四、实验步骤

(一)阿维拉霉素产生菌的诱变育种

(1)诱变及筛选流程:冻干管→液体活化培养基→平板稀释涂布→单孢子斜面→单孢子悬液→$^{60}Co\gamma$ 诱变→稀释涂布于含阿维拉霉素的平板→单菌落→琼脂块初筛→转接斜面→摇瓶发酵复筛→正突变株→保藏。

(2)孢子悬液的制备:新鲜的正突变株孢子斜面中加入 5 mL 的无菌生理盐水,用接种棒将孢子刮下,转入无菌离心管中,再用 5 mL 无菌生理盐水洗斜面一次,并转入无菌离心管,用无菌脱脂棉过滤,得单孢子悬液。

(3)阿维拉霉素最小抑菌浓度实验:将制备的单孢子悬液用 10 倍稀释法,依次稀释 10^{-1},10^{-2},10^{-3},10^{-4},10^{-5},10^{-6},10^{-7}几个梯度,分别取 200 μL 涂布于添加

0.1%,0.2%,0.3%,0.4%,0.5%浓度链霉素的平板,对照组平板不添加,于28℃培养7 d。

(二)融合前菌种培养

(1)将^{60}Coγ诱变得到的高产正菌株单孢子悬液接种于装有100 mL种子培养基的500 mL三角瓶中(含有0.5 g甘氨酸和少量玻璃碎片),28℃,120 r/min振荡培养36～48 h。

(2)用显微镜观察是否染菌。

(3)移取5 mL上述种子液到10 mL的无菌离心管中,6 000 rpm,离心10 min。去上清液,收集菌丝体。加入5 mL无菌水,振荡均匀后倒入到装有一定量玻璃碎片和10 mL蒸馏水的100 mL灭菌三角瓶中,在150 r/min,振荡30 min,使成团的菌丝体打碎分散开。

(4)振荡结束后,吸取5 mL菌液到10 mL无菌离心管中,6 000 rpm离心10 min,弃去上清液。

(5)在上述10 mL离心管中加入5 mL PB液,用移液枪吹吸均匀,洗涤菌丝体,离心弃上清,重复一次,然后将菌丝体悬浮于5 mL PB液中,按下述步骤进行原生质体的制备。

(三)原生质体制备

(1)将上述制备得到的菌丝体在6 000 rpm离心10 min,弃去上清液。

(2)在上述离心管中加入5 mL 0.2%(g/mL)的溶菌酶,用移液枪吹均匀,于30℃的水浴振荡酶解2 h,使菌体充分悬浮在酶液中。原生质体的形成情况可用显微镜跟踪观察。酶解结束后,再用移液枪吹吸几次,以使形成的原生质体从菌丝体中释放出来。

(3)用带有脱脂棉的一次性针筒过滤酶解液,收集滤液。在2 000 rpm转速下离心15 min,去除酶液,沉淀得原生质体。

(4)用5 mL PB液洗涤原生质体一次,以洗净酶液。

(5)离心弃去上清液,然后用5 mL PB液重新悬浮原生质体,用移液枪吹吸均匀;再用PB液稀释一定浓度,在血球计数板上计数原生质体。

(6)用PB液配制成约10^7个/mL的原生质体溶液。

(四)原生质体融合

(1)将不同菌株的原生质体悬液各取1 mL于10 mL的无菌离心管中,1 500 rpm,离心15 min,弃去上清液。

(2)加入40%的聚乙二醇(PEG6000),用移液枪吹吸均匀,悬浮原生质体,尽可能让促融剂PEG把原生质体包裹起来。25℃静置融合20 min。

(3)2 500 rpm,离心10 min,沉淀原生质体,弃去上清液。再用PB液洗涤一次,1 500 rpm离心15 min,弃去上清液。

(4)加入5 mL PB液悬浮原生质体融合液。

(五)原生质体再生

(1)取经过适当稀释后的原生质体融合悬液0.1 mL加于含有一定浓度链霉素的再生平板上(再生平板使用前需在37℃培养箱中预培养1 d,或是在65℃的烘箱中烘30 min,以保证固体培养基表面水分充分蒸发,减少由于再生培养基表面的冷凝水引起的原生质体破裂)。

(2)将涂布好的培养皿倒置于28℃的培养箱中培养6~15 d,观察再生结果。待再生双层平板上长出菌落,计再生菌落数(A)。

(3)取与上述相同量的原生质体用无菌水稀释相同的倍数,然后取0.1 mL悬液涂布于再生平板上,待菌落长出后,计菌落数(B)。

(4)取与上述相同量的未酶解之前的菌丝体悬液,用PB液稀释相同的倍数后取0.1 mL菌丝体悬液涂布于平板上,待菌落长出后,记菌落数(C)。

(5)原生质体制备率和再生率的计算:

$$再生率=(A-B)/(C-B)\times 100\%$$

$$制备率=(C-B)/C\times 100\%$$

A:原生质体用PB液稀释后涂布再生双层平板存活的菌落数;

B:原生质体用无菌水稀释后涂布再生双层平板存活的菌落数;

C:酶解前菌丝体涂布平板长出的菌落数。

(六)基因组重排

按上述方法进行第一次原生质体融合再生后,挑取长出的单菌落进行初筛及摇瓶发酵实验,测其效价,并取效价高于原始菌株的菌株作为下一轮融合的对象,进行原生质体融合再生,所得菌株即为第二轮融合后的菌株。如此反复进行3~5轮重复的循环原生质体融合,链霉素抗性压力不断增大。融合子代标记依序为F1、F2、F3、F4、F5。

(七)重组菌株的稳定性

将发酵复筛得到的高产重组菌株按斜面传代的方法,连续传接五代,将每代的斜面按上述发酵复筛的方法进行复筛,测定发酵液中阿维拉霉素的效价,来确定重组菌株高产特性的遗传稳定性。

(八)阿维拉霉素效价测定

1. 生测法检测阿维拉霉素产量

将灭菌后的牛肉膏蛋白胨固体培养基倒入已灭菌的平皿中(每个平皿 15 mL 左右),室温下自然凝固,作为平板的下层。

指示菌 *Micrococcus luteus* 在液体培养基中摇瓶培养至 OD600=0.3 左右备用。将灭菌后的牛肉膏蛋白胨半固体培养基冷却到 45℃左右,按 2%的体积比向培养基中加入 *Micrococcus luteus* 的培养液,混匀,然后吸取 5 mL 加到已凝固的下层培养基上,自然凝固,作为平板的上层。

用无菌镊子夹取内径 6.0 mm,外径为 8.0 mm,高为 10.0 mm 的牛津杯放在上层培养基表面。加入 150 μL 样品,常温下静置 2 h,使样品扩散(由于阿维拉霉素分子量较大,因此在培养基中的扩散速度较慢,如果加样后立即置于培养箱中培养,容易引起测定的结果偏低,因此根据经验,点样后必须先进行扩散),37℃培养 20 h,测量抑菌圈直径的大小。

此曲线公式为 $LgU=ad^2+b$

U:效价(mg/L)

d:直径(mm),a、b 为方程系数

配制一定浓度梯度的阿维拉霉素标准品溶液。每个平板上放 6 个牛津杯,间隔加入 150 μL 一定浓度的标准液和 500 mg/L 的标准液。所有平板上由 500 mg/L标准液所得抑菌圈直径的平均值与每个梯度中 500 mg/L 的标准液所得抑菌圈直径的平均值的差为各梯度的校正值。以标准液浓度的对数(mg/L)为纵坐标,各梯度抑菌圈直径校正值的平方(mm^2)为横坐标制作标准曲线。标准液有 5 个梯度,每个梯度 3 个平行。将发酵液与甲醇等体积混匀,37℃放置 2 h。4 000 rpm 离心 15 min,取上清液做效价测定。每个平板上取一个牛津杯加入同一浓度的标准液,求出其抑菌圈直径的平均值。将每个平板上标准液的抑菌圈直径与平均值相比,会得到一个校正数。用各个平板的校正数对发酵液的抑菌圈直径进行校正,所得的校正值在标准曲线上查得对应标准品浓度即为所测定发酵液的效价。

2. 高效液相色谱法检测阿维拉霉素

取发酵液 30 mL,离心弃上清,加入 20 mL 乙腈,避光超声 20 min,取上清液,重复 次。将所得上清液旋蒸浓缩至 10 mL,用 0.22 μm 微孔滤膜过滤,备用。

实验所用色谱条件为:分析柱 C18,粒径 5 μm,4.6×250 nm,流动相为乙腈 0.01 mol/L、乙酸铵溶液(体积比 45∶55),流速 1.0 mL/min,检测波长 295 nm,进样量 20 μL,柱温 30℃。

五、实验记录

(1)原生质体制备率和再生率

融合次数	*A*	*B*	*C*	制备率
1				
2				
…				

(2) 生测法抑菌圈直径

样品	D_1/mm	D_2/mm	$D_{平均}$/mm
1			
2			
…			

六、思考题

(1)实验中为什么要使用链霉素抗性平板?

(2)在用生测法测量阿维拉霉素产量时为什么用双层板?加完样之后为什么要静置 2 h 再放入培养箱?

(3)在原生质体制备与融合时需注意什么?

参考文献

[1] 陈永辉,刘波,曾兆国,等. 阿维拉霉素的研究进展[J]. 饲料工业,2007,28(14):9—11.

[2] Weitnaucr G, Muhlenweg A, Trefzer A, et al. Biosynthesis of the orthosomycin

antibiotic avilamycin A: deductions from the molecular analysis of the avilamycin biosynthetic gene cluster of *Streptomyces viridochromogenes* Tu57 and production of new antibiotics[J]. *Chem biol*, 2001, 8(6): 569—581.

[3] Aarestrup F M, Seyfarth A M, Emborg H D, et al. Effect of abolishment of the use of antimicrobial agents for growth promotion on occurrence of antimicrobial resistance in fecal enterococci from food animals in Denmark[J]. Antimicrob Agents Chemother, 2001, 45(7): 2054—2059.

[4] Gong J X, Zhao X M, Xing Q R, et al. Femtosecond laser-induced cell fusion [J]. Applied Physics Letters, 2008, 92(9): 111—119.

[5] 林赛珍.多杀菌素产生菌基因组重排育种[D].杭州:浙江大学,2007:1—63.

[6] Gong G L, Sun X, Liu X L, et al. Mutation and a high-throughput screening method for improving theproduction of epothilones of Sorangium[J]. Journal ofIndustrial Microbiology and Biotechnology, 2007, 34(9):615—623.

实验二十五

链霉菌组合生物合成新化合物

一、实验目的

(1)掌握链霉菌接合转导等遗传操作的实验方法。

(2)了解组合生物合成新化合物的原理及其在微生物研究中的应用。

二、实验原理

链霉菌是一类特殊的原核微生物,属革兰氏阳性菌,其个体形态不同于大多数细菌,为分枝繁茂的菌丝体,菌丝无隔多核,主要以孢子进行繁殖。链霉菌的菌丝根据形态和功能不同,可分为基内菌丝、气生菌丝和孢子丝。除了复杂的形态分化外,链霉菌还具有产生多种次级代谢产物的能力,据统计,约有 70%的天然抗生素是由链霉菌产生的。鉴于链霉菌所产抗生素的巨大经济价值,建立链霉菌的高效遗传操作体系非常重要,因为无论是链霉菌的次级代谢和形态分化的研究,还是利用代谢工程、组合生物合成生产新的化合物,都需要高效的遗传操作系统才能实现。目前链霉菌的遗传操作体系主要有 3 种:聚乙二醇(PEG)介导的原生质体转化法、接合转导法和电转化法。

组合生物合成是将不同化合物的生物合成基因重新组合后,形成新的生物合成途径,从而产生新的化合物,这是新药研究中的重要进展。目前许多具有生理活性的天然产物的生物合成途径已经研究清楚,利用组合生物合成技术通过改变聚酮合成酶的基因合成了一系列“非天然的”的聚酮类化合物库,以供进一步的活性筛选。如利用加利利链霉菌 ATCC 31671 产生 2-羟基阿克拉菌酮(2-hydroxyaklavinone)。本实验将含有聚酮体酮基还原酶(polyketide ketoreductase, PKR)的质粒转入加利利链霉菌 ATCC 31671,可以产生阿克拉菌酮(aklavinone)。

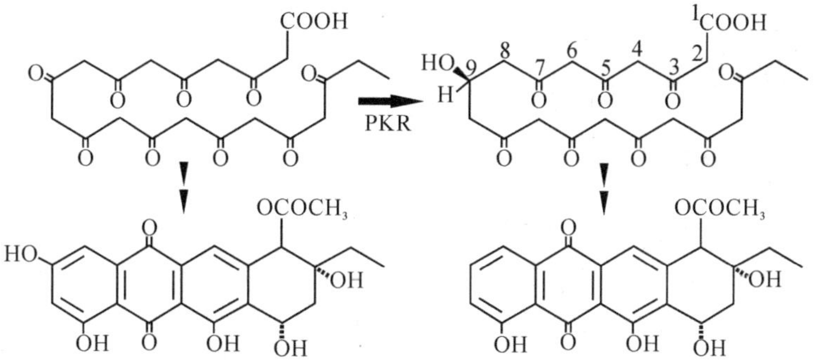

图 25-1 PKR的催化功能

三、实验材料和试剂

(一)菌株

加利利链霉菌(*S. galilaeus*)ATCC31671,大肠杆菌 ET12567(含转导辅助质粒 pUZ8002),大肠杆菌一链霉菌穿梭质粒 pIJ8630-PKR。

(二)培养基和试剂

(1) YMA 固体培养基(用于加利利链霉菌斜面培养):Malt extract 1%,Yeast extract 0.4%,葡萄糖 0.4%,微量元素液 0.2 mL,琼脂粉 1.5%,调 pH 7.2。

(2) GPS 培养基(加利利链霉菌发酵培养基):葡萄糖 2.25%,黄豆饼粉 1%,NaCl 0.3%,$CaCO_3$ 0.3%,微量元素液 2 mL。

(3) 2×YT 培养基:蛋白胨 1.6%,酵母抽提物 1%,氯化钠 0.5%。

(4) MSF 固体培养基:黄豆饼粉 2%,甘露醇 2%,琼脂 2%。

(5) 硫链丝菌素(thiostrepton,Thio):用二甲基亚砜配制成 50 mg/mL 的母液,备用。临用前取 100 μL 母液加到 10 mL 无菌水中,混匀,形成白色乳浊液,此时的浓度为 0.5 mg/mL。

(6) 其他试剂:萘啶酮酸、氯仿、甲醇、环己烷、乙酸乙酯。

(三)器材与仪器

离心机、GF_{254}硅胶板、培养箱、Eppendorf 管、微量移液器、无菌枪头、培养皿、三角瓶、接种针、移液管、玻璃刮铲、玻璃珠等。

四、实验步骤

(一)链霉菌接合转导

(1) 将过夜培养的含有带转质粒 pIJ8630-PKR 的大肠杆菌 ET12567/pUZ8002 以 1∶100 转接到 10 mL LB 培养基中。

(2) 37℃,200 r/min 培养 4 h,一直到 OD_{600} 大约为 0.4。

(3) 收集菌体,4℃,5 000 rpm 离心 3 min,弃上清。

(4) 加入约 10 mL 预冷的 LB 培养基,按照步骤(3)漂洗两次。

(5) 弃上清,重悬于 1 mL 预冷的 LB 培养基中。

(6) 从−80℃冰箱取出适量链霉菌孢子悬液,加入 500 μL 2×YT 培养基,5 000 rpm 离心 3 min,弃上清,加入 500 μL 2×YT 培养基,45℃温育 10 min。

(7) 混合 500 μL 大肠杆菌菌液和 500 μL 孢子悬液。短暂离心后,涂于 MSF +10 mM $MgCl_2$ 培养基上。

(8) 30℃培养 16~20 h 后,涂布合适的抗生素和萘啶酮酸,30℃继续培养。

(9) 培养至长出菌落,进行计数。

(二)产物鉴定

(1) 将长出的单菌落接种到含 25 g/mL 硫链丝菌素的 YMA 斜面上,28℃培养 6~7 d。

(2) 从 YMA 斜面上挖块接种到 GPS 培养基中,28℃振荡培养 6 d。

(3) 发酵液用氯仿∶甲醇=9∶1 抽提,溶媒挥发浓缩后,将提取物溶于氯仿中。

(4) 在 GF_{254} 硅胶板上层析,溶媒系统为环己烷∶乙酸乙酯=1∶1。

(5) 层析完毕后,在 365 nm 紫外灯下观察。

五、实验结果记录

(1) 计算链霉菌接合转导效率。

(2) 记录产物在层析板上的位置。

六、思考题

(1) 本实验中影响链霉菌转导效率的关键因素有哪些?

(2) 在设计基因组合生物合成时应考虑哪些因素?

参考文献

[1] 文莹,李颖.现代微生物研究技术[M].北京:中国农业大学出版社,2008.

[2] Kieser T, Bibb M J, Buttner M J, et al. Practical Streptomyces Genetics [M]. Norwich: The John Innes Foundation, 2000.

实验二十六

酿酒酵母乙醇脱氢酶 ADH3 基因敲除

一、实验目的

(1) 学习基因敲除在基因功能研究和酵母育种中的应用。

(2) 掌握 Cre/loxP 系统介导的基因敲除的原理及操作过程。

二、实验原理

基因敲除技术在基因功能研究和微生物育种中发挥重要作用。该技术主要是将构建好的基因敲除序列组件转化至细胞，由同源重组实现目标基因的敲除。其中的基因敲除序列组件是在抗性基因的两侧分别连接一段与目标基因两侧同源的短片段。同源重组的效率在很大程度上依赖于基因敲除组件的同源片段的长度，在酵母实验中一般使用的同源序列为 35～45 bp。目前常用的基因敲除系统有 Cre/loxP、Flip/FRT 和 TELEN 等。

Cre/loxP 系统由来自 *E. coli* 噬菌体 P 的 Cre 重组酶和由 2 个 13 bp 的反向重复序列和 1 个 8 bp 的间隔区域构成的 loxP 位点两部分组成(如图 26-1)。Cre 是 1 个 38 kDa 的重组酶蛋白，它可以介导 loxP 的 34 bp 重复序列的位点特异性重组，切除同向重复的 2 个 loxP 位点的 DNA 片段和 1 个 loxP 位点，保留 1 个 loxP 位点。Cre 酶活性具有可诱导的特点，将 Cre 基因置于可诱导的启动子控制下，通过诱导表达 Cre 重组酶而将 loxP 位点之间的基因切除，可实现特定基因在特定时间或者组织中的失活。因此 Cre/loxP 系统是进行基因组定点突变、研究基因精细结构的新途径。

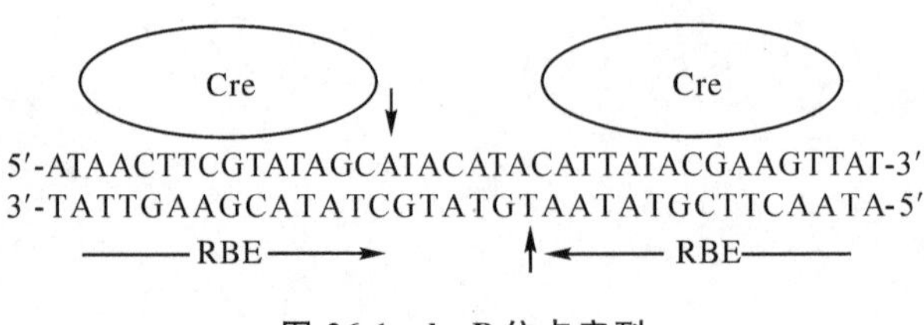

图 26-1 loxP 位点序列

三、实验材料

(一)菌种及质粒

(1)菌种:酿酒酵母(*Saccharomyces cerevisiae*)BY4741,大肠杆菌DH5α。

(2)质粒:pUG6、pSH65,其中pUG6质粒带有Kan^r抗性基因,两端具有loxP位点,pSH65质粒带有Zeocin筛选标记,在半乳糖诱导下表达Cre酶。

(二)培养基

(1)YPD培养基:酵母提取物1%,蛋白胨2%,葡萄糖2%,121℃灭菌20 min,用于酵母菌的活化与培养。

(2)麦芽汁培养基:麦芽和水以1∶4的比例混合,60℃水浴4 h,8层纱布过滤,滤出液108℃灭菌20 min,用于酵母菌发酵培养实验。

(三)主要工具酶和试剂

ExTaq DNA聚合酶,rTaq DNA聚合酶,内切酶(*Hind* Ⅲ、*Sal* Ⅰ、*Bgl* Ⅱ),pMD18-T载体试剂盒,胶回收试剂盒,G418、Zeocin和氨苄青霉素。其他试剂均为国产分析纯试剂。

(四)引物设计

敲出组件的引物L1、L2是依据酿酒酵母ADH3基因和pUG6质粒中loxP-Kan-loxP设计的L1、L2的5′端分别有与酵母基因组ADH3基因起始密码子(包括)前和终止密码子(包括)后相同的45个碱基,用来进行同源重组。L1(L2)的3′端有19(22)个碱基与质粒pUG6中loxP-Kan-loxP两侧的上游(下游)某段序列相同,用来扩增loxP-Kan-loxP。

引物A、B、C、D是依据酵母基因组ADH3基因设计的,用来验证基因组中是否含有ADH3基因序列,A位于ADH3基因ORF的上游5区域,B和C位于ORF上,D位于ADH3基因ORF的下游3区域。引物KB和KC是依据敲除组件L1-L2的loxP-Kan-loxP设计的,位于Kan^r基因上,用于验证敲除组件是否正确重组到原ADH3位置。这6条引物相互配对使用,用于敲除过程的验证,引物对分别为:A-B、C-D、A-D、A-KB、KC-D。

表 26-1 引物序列

Primer	Sequence(5′-3′)
L1	tagaaaggaacactcgctttatctcttcgaccgaatttactatacCAGCTGAAGCTTCGTACGC
L2	tactggtactgcttcttgatttagtgattaatctttgctccactaGCATAGGCCACTAGTGGATCTG
A	CATTCGCTCGTTACTACCT
B	AGCCCTTGACATTGGAAC
C	TGCGATGGGTTACAGAGT
D	GCCTCTTACCTGCTTTGA
KanB	CAGCCAGTTTAGTCTGACCATCT
KanC	CGCAGACCGATACCAGG

(五)仪器与设备

PCR 仪、核酸电泳仪、凝胶成像分析仪、冷冻离心机、恒温培养箱、摇床、水浴锅等。

四、实验步骤

(一)酿酒酵母总 DNA 的提取

取 1.5 mL 新培养的酵母培养液，经离心收集酵母细胞，提取酵母总 DNA，并琼脂糖氧胶电泳验证。

(二)PCR 获得敲除组件 L1-L2

以 L1、L2 为上下游引物，pUG6 为模板进行 PCR 扩增，获得扩增产物 L1-L2。PCR 标准扩增反应程序为：94℃热启动 5 min，94℃变性 30 s，55℃退火 30 s，72℃延伸 2 min 共 30 个循环，最后 72℃延伸 10 min。取 3 μL PCR 扩增产物做琼脂糖凝胶电泳验证。

(三)乙醇沉淀扩增产物 L1-L2

通过测序并比对，如果 PCR 方法获得的敲除组件准确无误，取 200 μL PCR 扩增产物至无菌干净的 1.5 mL 离心管中，加入 2.5 倍体积的冰冷无水乙醇。混匀，置－20℃冰箱中沉淀 1 h 以上。10 000 rpm，4℃离心 10 min，去上清，用体积分数 70％的乙醇洗 2 次，室温下 10 000 rpm 离心 3 min。除去乙醇，晾干，用50 μL无菌 ddH_2O 溶解沉淀的 DNA，－20℃冰箱保藏，留做醋酸锂法转化时使用。

(四)转化

采用醋酸锂高效化学转化法转化敲除组件。

(1) 感受态细胞制备:用无菌接种环取冻存的酵母菌,在 YPD 平板上连续划线接种,3 d 后在 YPD 平板上挑取单个菌落接种在 10 mL YPD 培养基中摇菌过夜。把 10 mL 菌液转移到 100 mL YPD 培养基中振荡培养至 A_{600} 为 0.6。将菌液置于灭菌的离心管中离心,弃上清液。无菌水重新悬浮细胞,再离心收集菌体。于离心管中加入 1×TE250 μL,1×LiAC250 μL,制成感受态细胞,需现做现用。

(2) 重组线性 DNA 片段转化到酵母细胞:煮沸 10 mg/mL 鲑鱼精 DNA 5 min,迅速置于冰上。取无菌 1.5 mL EP 管依次加入线性化的 DNA 20 μL,鲑鱼精 DNA 10 μL,感受态细胞 200 μL,用枪头混匀后,依次加入 10×TE 60 μL,10×LiAC 60 μL,50% PEG4000 480 μL,用枪头混匀,30℃摇菌 30 min,加入 70 μL 的 DMSO,轻轻颠倒 2～3 次,置于冰 42℃水浴锅中热休克 15 min,冰上放置 2 min,离心弃上清液,加入 200 μL 1×TE 悬浮,制成菌悬液。

(五)筛选敲除菌株

转化后的酵母菌悬液涂布到含有 200 μg/mL G418 的 YPD 平板上,28℃培养 2～3 d。通过影印平板法筛选转化子,那些既能在不含任何抗生素的 YPD 上生长又能在含有 G418 的 YPD 平板上生长的菌落可能是正确重组的敲除组件 L1-L2 的菌落。

(六)PCR 验证转化子

挑取转化子菌落,提取基因组 DNA,分别用引物对 A-B、C-D、A-D、A-KB、KC-D 和 L1-L2 进行 PCR 验证,将 PCR 扩增产物做琼脂糖凝胶电泳验证。

(七)去除抗性标记

采用醋酸锂法将质粒 pSH65(带有 zeocin 抗性标记)分别转入不同菌株的阳性克隆子,YPG 培养基培养过夜,使之在半乳糖的诱导下表达 Cre 酶切除阳性克隆子染色体上的 G418 筛选标记。培养物稀释涂布于 YPD 平板,待菌落长出后,通过影印法将细胞转移到两份 YPD 平板中,一份含 50 μg/mL zeocin,一份含 250 μg/mL G418,30℃培养 2～3 d 后观察,zeocin 平板上长出,但 G418 平板上不生长的菌落即为 G418 抗性标记已去除的转化子。转化子在 YPD 培养基中连续传代培养直至丢失 pSH65 质粒,得到不含筛选标记的转化子菌株。

(八)乙醇脱氢酶的酶活检测

将验证乙醇脱氢酶Ⅲ缺失的酿酒酵母菌株接种到麦芽汁培养基中,30℃,180 r/min培养 48 h,离心收集菌体。用超声破碎法获得粗酶液,每隔 15 s 测定 340 nm波长下 NADH 的吸光值。酶活定义:单位湿细胞在单位时间使吸光值每产生 0.001 的改变定义为一个酶活。

五、实验结果记录

(1) 琼脂糖凝胶电泳 PCR 产物,求出 DNA 长度,判断 PCR 产物是否是目标产物?

(2) 挑取的菌落中是否有假阳性克隆?

六、思考题

(1) 基因敲除的方法有哪些?它们的原理分别是什么?

(2) 在引物 A1 和 A2 的 5′端分别设计 41 bp 和 40 bp 与酿酒酵母 ADH3 基因外侧序列相同碱基的目的是什么?

参考文献

[1] 宋浩雷,郭晓贤,杨月梅,等. 酿酒酵母 ADH3 基因的敲除[J]. 工业微生物,2006,36(4):28—32.

[2] 和东芹,肖冬光,吕烨. Cre/loxP 系统介导的基因重组及其在酵母中的应用[J]. 中国生物工程杂志,2008,28(6):46—49.

[3] 蒋咏梅. 微生物育种学实验[M]. 北京:科学出版社,2012.

实验二十七

微生物基因(GFP)的定点突变

一、实验目的

(1)了解基因定点突变在基因功能研究和微生物育种中的应用。

(2)掌握微生物基因定点突变的原理和操作方法。

二、实验原理

绿色荧光蛋白(GFP)是一类存在于包括水母、水蛭和珊瑚等腔肠动物体内的生物发光蛋白。它的相对分子量为 30×10^3 kDd,受 395 nm 近紫外光或 470 nm 蓝光激发后,在 Ca^{2+} 催化下,能发出波长为 510 nm 的绿色荧光。GFP 基因来源于水母,表达绿色荧光蛋白,检测时不需要外源底物或辅助因子,且具有可以活体观察、灵敏度高、无毒害、结构稳定、作用持久等优点,可用以检测基因表达和在活细胞里定位蛋白质,实现在体内实时检测标记菌株的研究。

定点突变是指通过聚合酶链反应(PCR)等方法向目的 DNA 片段(可以是基因组,也可以是质粒)中引入所需的突变(通常是有利表型方向的变化),包括碱基的添加、删除、点突变等。定点突变能迅速、高效地提高 DNA 所表达的目的蛋白的性状,是基因研究工作中一种非常有用的手段。

定点突变一般要求含有待突变基因的高纯度质粒,不少于 10 μg,电泳图清晰,达到酶切与测序要求。定点突变的一般步骤如下:

(1)对待突变基因测序结果进行分析,设计突变方案。

(2)根据突变方案设计合成覆盖突变位点的双向引物,合成目的 DNA 序列两端引物,进行高保真 PCR 反应(图 27-1)。

(3)将 PCR 产物克隆至 T 载体,或者根据要求亚克隆至目的载体;DNA 测序验证突变序列的正确性。

GFP 由 238 个氨基酸残基组成,其中 65—67 位残基(Ser65-Tyr66-Gly67)可自发形成荧光发色基因(对羟基苯并咪唑啉硐)。本实验通过定点突变将 GFP 的 Tyr66 转变成 His66(Y66H),从而使 GFP 可以显示蓝色荧光。

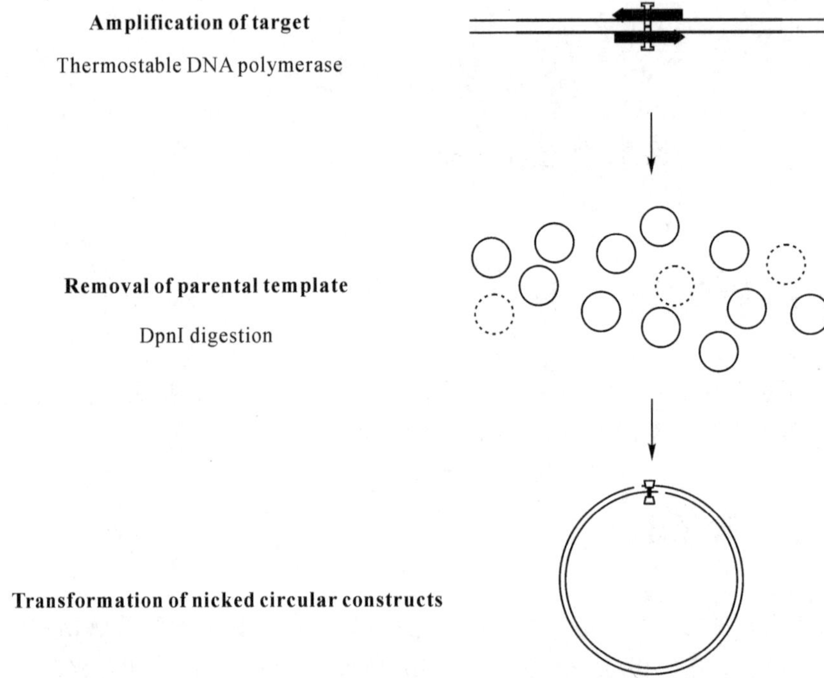

图 27-1 Quickchange 基因定点突变示意

三、实验材料

(一)菌株与质粒

(1) 大肠杆菌(*E. coli*)DH5α。

(2) 质粒 pET-GFP、pMD-18T 等。

(二)试剂

(1)1 000×氨苄青霉素(Ampicillin):100 mg/mL 氨苄青霉素钠盐溶于去离子水,后过滤除菌,并分装保存于−20℃冰箱。

(2)LB 培养基:酵母浸出粉 0.5%,蛋白胨 1%,NaCl 1%,琼脂 1.5%,调 pH 7.2。灭菌后,等琼脂培养基冷却到 60℃,加入 1 mL 1 000×Ampicillin,后倒平板。

(3)SOC 培养基:胰蛋白胨 2%,酵母浸出粉 0.5%,NaCl 0.05%,2.5 mmol/L KCl,10 mmol/L $MgSO_4$,20 mmol/L 葡萄糖。葡萄糖单独配制,过滤除菌,用前按量(每 20 mL 溶液 1 mg 葡萄糖)加入培养基中。用 10MNaOH 调节 pH 至 7.0。

(三)寡聚核苷酸引物

(1)用于 Y145F 突变的引物：
GFP_Y145F-F：CACAAGCTGGAGTACAACTTCAACAGCCACAACGTC；
GFP_Y145F-R：GACGTTGTGGCTGTTGAAGTTGTACTCCAGCTTGTG。
(2)用于 Y66H 突变的引物：
GFP_Y66H-F：GTGACCACCCTGACCCACGGCGTGCAGTGCTTC；
GFP_Y66H-R：GAAGCACTGCACGCCGTGGGTCAGGGTGGTCAC。

(四)工具酶

DNA 限制酶、T_4 DNA 连接酶、Taq DNA 聚合酶、Pfu DNA 聚合酶、RNaseA 等。

(五)其他试剂

琼脂糖、IPTG、X-gal、SDS、TEMED、Tris、dNTP、丙烯酰胺、甲叉双丙烯酰胺、低熔点琼脂、分子量标志物(2kb Ladder)等。

(六)仪器设备

恒温培养箱、超净工作台、恒温摇床、PCR 仪、核酸电泳仪、凝胶成像仪、冷冻离心机、超低温冰箱、精密酸度计等。

四、实验内容

(一)GFP 定点突变(第 1 天)

(1) 将 0.2 mL 管置于冰上，根据下表配制 PCR 主混液。所有不是酶的试剂需在室温下溶解，酶需在用时临时从冰箱中取出。主混液在振荡器上混匀，并离心机上短时间离心使液体沉于管底。

表 27-1 PCR 主混液(46 μL for a final of 50 μL)

质粒模板(eGFP＋Y145F)	4 μL(10 ng)
Pfu 缓冲液(10×)	5 μL(1×)
dNTP(各 10 mM)	1 μL(0.2 mM)
Pfu DNA 聚合酶(2 U/μL)	0.5 μL(0.02 U/μL)
ddH_2O	39.5 μL(up to 50 μL)

(2) 用移液器转移 23 μL 主混液到另一个 0.2 mL PCR 管。

(3) 在一个 PCR 管中各加入 2 μL 正向引物(Y66H-F,5 μM),在另一个 PCR 管中加入 2 μL 反向引物(Y66H-R,5 μM)。

(4) 将两个样品置于 PCR 仪进行 PCR 反应。PCR 反应程序如下:

每一步 PCR(循环数:3)

Initial denaturation	30″	98℃
Denaturation	10″	98℃
Annealing	30″	60℃
Elongation	90″	72℃

(5) 再混合两个 PCR 管,振荡混匀,后分成两管(2×25 μL)再 PCR。

每二步 PCR(循环数:20)

Initial denaturation	30″	98℃
Denaturation	10″	98℃
Annealing	30″	60℃
Elongation	90″	72℃
Final elongation	3′	72℃

(6) PCR 产物电泳观察。

配制 0.8% Agarose-gel:混合 5 μL 染料(Gel Red)与 50 mL 1×TAE 电泳缓冲液。

上样:DNA Ladder。

混合 10 μL PCR 产物与 2 μL 含染料上样 Buffer。

混合 5 μL 空质粒与 2 μL 含染料上样 Buffer。

电泳条件:电压 90V,时间 30 min。

在紫外灯下观察电泳结果。

(7) Dpn Ⅰ 酶解

在 PCR 产物(50 μL)中加入 1 μL DpnⅠ,并 37℃水浴过夜。

(二)突变体克隆与转化(第 2 天)

(1)将低温保存的分装好的 *E. coli* DH5α(100 μL)融化备用。

(2)水浴锅温度设为 42℃。

(3) 加 4 μL(10～50 ng)PCR 产物(p-eGFP Y145F + Y66F)到 100 μL *E. coli* DH5α。

(4)再加入 2 μL 空载体(pET-GFP)。

(5)将混合物管放在冰上放置 15 min。

(6)后将管置于水浴中 40 sec。

(7)将管放在冰中 2 min。

(8)在每个混合物中加入 0.9 mL SOC 培养基,并 37℃水浴 60 min,并 250 r/min 振荡。

(9)离心(16 000 g)1 min,去除 800 μL 上清液,后合剩下的 200 μL 重新悬浮。

(10)将此 200 μL 涂布于 LB-Amp 平板,并置于 37℃过夜。

五、实验结果记录

通过 UV 灯检测 LB 抗性平板上生长的菌落。蓝色的克隆代表定点突变(Y66H)在 eGFP-Y145F 是成功的。绿色克隆代表 PCR 所用的模板 DNA 还没有被酶 DpnⅠ完全消化。拍照记录转化菌株的荧光照片。

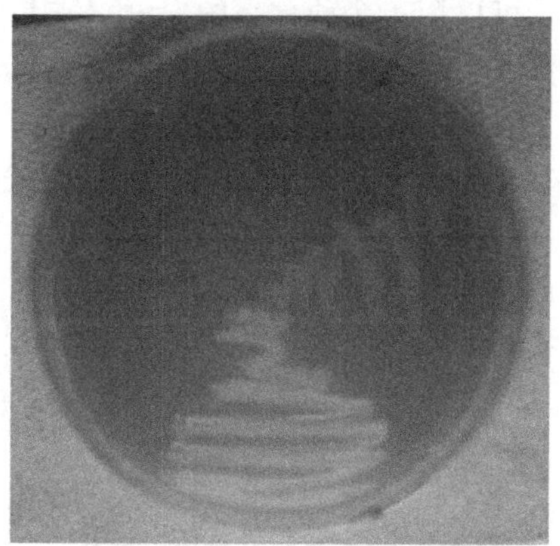

图 27-2 突变克隆的观察

六、思考题

(1) 基因定点突变的方法有哪些?它们的原理分别是什么?

(2) 限制性内切酶 *Dpn*Ⅰ酶切回收 DNA 片段的作用是什么?

(3) 如何判断定点突变是否成功?

参考文献

[1] 张维铭. 现代分子生物学实验手册[M]. 北京:科学出版社,2008.

实验二十八

ε-聚赖氨酸生产菌株筛选与发酵工艺研究

一、实验目的

学习ε-聚赖氨酸生产菌的筛选方法与发酵工艺。

二、实验原理

ε-聚赖氨酸(ε-PL)是一种均聚氨基酸,它是一种新型生物防腐剂,具有强烈的抑菌能力,且安全性能高,可以用于多种食品的保鲜。它是日本酒井平一和岛昭二两位博士在大量筛选有价值的放线菌时发现的一种新型聚合物。赖氨酸含有两个氨基,聚合时有α-位和ε-位两个位点的聚合产物,而ε-位的聚合物具有较强的抑菌能力。ε-聚赖氨酸是含有25～30个赖氨酸残基的阳离子聚合多肽,当聚合度低于十肽,会丧失抑菌活性。具有高抑菌活性的ε-聚赖氨酸的分子量在3 600～4 300之间。抑菌机理主要表现在破坏微生物的细胞膜结构,引起细胞的物质、能量和信息传递中断,最终导致细胞死亡。

$$H{-}\!\left[NH{-}CH_2{-}CH_2{-}CH_2{-}CH_2{-}\underset{\displaystyle NH_2}{\underset{|}{CH}}{-}CO\right]_n\!OH$$

图 28-1　ε-多聚赖氨酸结构式

聚赖氨酸抑菌谱广,在酸性和微酸性环境中对革兰氏阳性菌、革兰氏阴性菌、酵母菌、霉菌均有一定的抑菌效果,尤其对其他天然防腐剂不易抑制的革兰氏阴性的大肠杆菌、沙门氏菌抑菌效果非常好。聚赖氨酸在食品中应用时,多与其他物质配合使用,如酒精、有机酸、酯等。聚赖氨酸在食品中多用于肉制品、高盐食品、快餐、色拉、蛋糕等食品的保鲜,效果较好,具有广阔应用前景。

三、试剂与器材

(一)菌种

白色链霉菌(*Streptomyces albus*),抑菌实验鉴定菌:枯草芽孢杆菌。

(二)试剂

无水葡萄糖、酵母膏、蛋白胨、甲基橙、ε-聚赖氨酸(Sigma 公司)、$(NH_4)_2SO_4$、$Na_2HPO_4 \cdot 12H_2O$、$NaH_2PO_4 \cdot 12H_2O$、$MgSO_4 \cdot 12H_2O$、K_2HPO_4、KH_2PO_4。

(三)溶液配制

0.7 mmol/L 磷酸缓冲液(pH 6.9):称取 $Na_2HP_4 \cdot 12H_2O$ 0.260 9 g,$NaH_2PO_4 \cdot 12H_2O$ 0.109 2 g,用少许蒸馏水溶解,定容至 1 L,调 pH 至 6.9。

10 mmol/L 甲基橙试剂:准确称取甲基橙 3.273 g,用蒸馏水定容至 1 L。

聚赖氨酸标准溶液:称取聚赖氨酸的溴化物 10 mg,用 0.7 mmol/L 磷酸缓冲液溶解并定容至 100 mL。

(四)培养基

斜面培养基(g/L):葡萄糖 10,蛋白胨 2,酵母浸膏 5,琼脂 15,pH 6.8,121℃灭菌 20 min。

种子培养基(贝特纳培养基):葡萄糖 5,酵母浸膏 5,pH 6.8,121℃灭菌 20 min。

发酵培养基:葡萄糖 50,酵母浸膏 5,$(NH_4)_2SO_4$ 10,$MgSO_4 \cdot 12H_2O$ 0.2,K_2HPO_4 8,KH_2PO_4 6,pH 6.8,121℃灭菌 20 min。

(五)实验仪器

紫外分光光度计、电子分析天平、恒温培养箱、电热干燥箱、旋转式摇床、pH 计、蒸汽灭菌锅。

四、实验步骤

(一)单孢子菌液制备

取一环菌体接种于斜面培养基上,30℃静置培养,待孢子成熟后,于斜面上加入无菌生理盐水 10 mL,用接种环刮下孢子,放入含有玻璃珠的 150 mL 三角瓶中,振荡,打断孢子链,用塞有少量棉花的无菌漏斗过滤,除去菌丝。同时血球计数板计数,适当稀释使孢子浓度为 10^8 个/mL。

(二)单菌落培养

吸取以上制备的孢子悬液 0.1 mL,涂布于装有 15 mL 斜面培养基的平板上,30℃倒置培养 3~4 d。

(三)抑菌圈实验

用 2×YT 固体培养基倒平板。下层先倒好,等到凝固后,在培养皿下面做上标记。取 200 μL 枯草芽孢杆菌菌液与上层培养基混合,摇匀,使枯草芽孢杆菌均匀分布在培养基内。用 10 mL 移液枪移取 10 mL 培养基做上层培养基。凝固后用管碟法将 200 μL 发酵上清液用移液枪放入牛津杯中,同时用灭过菌的液体发酵培养基作为空白,放在 37℃培养箱中培养 16 h。当出现边缘清晰的抑菌圈,利用游标卡尺测定抑菌圈大小。

(四)单菌落保存

挑选抑菌圈较大的菌落转接于保藏斜面,30℃恒温培养 7 d,待斜面完全被孢子覆盖,4℃保存备用。

(五)摇瓶发酵

将平板筛选得到的菌株通过摇瓶发酵测定不同菌株的 ε-聚赖氨酸产量,以选育最佳生产菌株。

(1)斜面培养:将 4℃保存的斜面菌种,接种至斜面培养基中,30℃培养 5～7 d,至长满灰色孢子。

(2)种子培养:用接种铲挑取 1 cm^2 菌苔接入装有 50 mL 种子培养基的 500 mL三角瓶中,30℃,220 r/min,旋转式摇床培养 48 h。

(3)以 6%接种量将种子培养液接入装有 50 mL 发酵培养基的 500 mL 三角瓶中培养,30℃,220 r/min,旋转式摇床培养 72 h。测定细胞干重与产物含量。

(六)生物量测定

将滤纸先在 105℃烘箱中烘至恒重,称重后放入漏斗。取 10 mL 发酵液,在 8 000 rpm 条件下离心 10 min,保存上清液,沉淀用无菌水洗涤 2 次,放入已经烘干的滤纸上过滤,将滤纸和菌体在烘箱中烘至恒重,称量并计算菌体重量。

(七)ε-聚赖氨酸产量测定

(1) 用 0.7 mmol/L 磷酸钠缓冲液(pH 6.9)将聚赖氨酸溶液稀释成不同浓度(0.05,0.1,0.15,0.2,0.25,0.3,0.35,0.4 mg/L)的使用液。

(2) 取如上不同浓度的聚赖氨酸溶液 2 mL 与 10 mmol/L 的甲基橙 2 mL 混合,混合液振荡反应 30 min,4 000 rpm 离心 15 min,取上清液稀释,以磷酸缓冲液为空白样,在 465 nm 下测其吸光度 A_{465},绘制标准曲线。

(3)发酵液离心后取上清液,适当稀释后,取 2 mL 上清液加入 2 mL 10 mmol/L 甲基橙,混合液振荡反应 30 min,4 000 rpm 离心 15 min,取上清液稀释。用磷酸缓冲液为空白对照,用分光光度仪在波长 465 nm 下测量吸光度 A_{465}。

五、实验结果记录

(1)每个菌株抑菌圈的大小。

(2)每个摇瓶的细胞干重。

(3)ε-聚赖氨酸标准曲线制作时不同浓度的 A_{465},并绘制标准曲线。

(4)产物测定的 A_{465},计算每个摇瓶发酵的 ε-聚赖氨酸产量。

六、思考题

(1)菌悬液制备时为什么要用玻璃珠振荡?

(2)比较不同菌株的细胞生物量与产物量,两者之间有没有相关性?

参考文献

[1] 陈长华. 发酵工程实验[M]. 北京:高等教育出版社,2009.

[2] 姜俊云,贾士儒,董惠钧,等. 搅拌转速和 pH 对聚赖氨酸发酵的影响[J]. 生物加工过程,2004,2(2):60—63.

实验二十九

2-DE电泳蛋白组学分析菌种代谢差异

一、实验目的

学习和掌握蛋白质双向电泳的基本原理和方法，运用双向电泳—蛋白质组学方法评价高产与低产突变株的差异性。

二、实验原理

高产与低产突变菌株的遗传背景、代谢通路及代谢活性都表现出巨大差异。采用蛋白组学的方法，可以更直接与全面评价突变株的代谢活性差异，从而帮助我们更深入地了解高产菌种的代谢特征，为菌种筛选提供指导。

第一向步骤为等电聚焦（IEF），即根据蛋白质的等电点（pI）差异将蛋白质分离。第二项步骤为十二烷基硫酸钠-聚丙烯酰胺凝胶电泳（SDS-PAGE），即利用蛋白质的分子量（*Mr*，相对分子量）差异将蛋白质分离。双向凝胶电泳结果中的每个斑点都对应着样本中的一种蛋白。因此，可将上千种不同的蛋白质分离开来，并得到每种蛋白质的等电点、表观分子量和含量等信息。

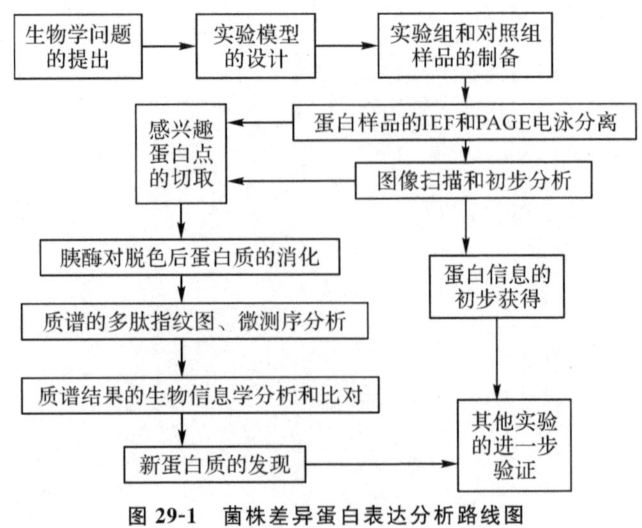

图 29-1　菌株差异蛋白表达分析路线图

三、试验材料与试剂配制

(一)试验材料

IPG干胶条(Immobilized pH gradient,pH = 4 ~ 7,线性),IPG Buffer (Immobilized pH gradient buffer,pH = 4 ~ 7),IPG覆盖液(Immobilized pH gradient cover fluid),二硫苏糖醇(1,4-Dithiothreitol,DTT),3-[(3-胆酰胺丙基)-二乙胺]-丙磺酸(CHAPS),四甲基乙二胺(N,N,N,N-Tetramethylenediamine, TEMED),甲叉双丙烯酰胺(N,N'-methylenebisacrylamide),琼脂糖(Argrose),丙烯酰胺(Acrylamide),十二烷基硫酸钠(Sodium Dodecyl Sulfate,SDS),超纯脲(Ultra Urea),矿物油(Mineral Oil),甘油(Glycero),三羟甲基氨基甲烷(Tris Aminomethane),碘乙酰胺(Iodoacetamide),过硫酸铵(ammonium persulfate, AP),甘氨酸(Glycine)等均购于Bio-Rad公司(USA);蛋白质定量试剂盒(内含Protein Assay Kit I,牛血清标准品Protein Standard I,RC DC Protein Assay Kit I),蛋白质清洁试剂盒(Clean-up kit)购自Bio-Rad公司(USA);硫脲(Thiourea)、溴酚蓝、考马斯亮蓝R-250购自上海生物工程技术服务有限公司(Sangon)。冰醋酸、无水乙醇等试剂为通用的国产分析纯。

(二)主要试剂的配制

(1)裂解液:8 M尿素9.6 g,2 M硫脲3.04 g,4% CHAPS 0.8 g,65 mM DTT 0.196 g,0.8% Carrier Ampholyte(pH 3~10)400 μl,加Milli-Q水定容至20 mL,分装贮存于-20℃。

(2)水化上样缓冲液:8 M尿素9.6 g,2 M硫脲3.04 g,4% CHAPS 0.8 g,分装贮存于-20℃,使用时加入65 M MDTT 0.196 g,0.8% Carrier Ampholyte (pH 4~7)400 μl,加Milli-Q水定容至20 mL,分装贮存于-20℃中备用。

(3)30%丙烯酰胺贮液:丙烯酰胺150 g,甲叉基双丙烯酰胺4 g,加Milli-Q水定容至500 mL,0.45微米的滤膜过滤后,棕色瓶4℃冰箱保存。

(4)平衡母液:50mM Tris-HCl(pH 8.8)6.7 mL,6 M尿素72.07 g,20%甘油40.4 mL,2% SDS 4.0 g,加Milli-Q水定容至200 mL;分装贮存于-20℃备用;用之前加DTT或碘乙酰胺。

(5)溴酚蓝溶液:溴酚蓝100 mg,50 mM Tris-HCl(pH 6.8)60 mg,加Milli-Q水定容至10 mL,分装贮存于4℃备用。

(6)浓缩胶缓冲液(0.5 M Tris-HCl pH 6.8):0.5 M Tris碱12 g,用1 M HCl调整pH至6.8,加Milli-Q水定容至200 mL,贮存于4℃备用。

(7)4×分离胶缓冲液(Tris-HCl pH 8.8):1.5 M Tris base 90.75 g,用1 M HCl调整pH至8.8,加Milli-Q水定容至500 mL,贮存于4℃备用。

(8)2×SDS凝胶上样缓冲液:0.5 M Tris-HCl(pH 6.8)2.0 mL,10%甘油2.0 mL,10% SDS 4.0 mL,1%溴酚蓝0.05 mL,100 mM DTT 0.154 g(用时现加),加Milli-Q水定容至10 mL,贮存于4℃备用。

(9)10×电泳缓冲液:25 mM Tris 15.1 g,192 mM甘氨酸72.1 g,0.1% SDS 5.0 g,加Milli-Q水定容至500 mL,棕色瓶常温(25℃)保存,使用前稀释成1×电泳缓冲液。

(10)10% SDS:10 g SDS溶于Milli-Q水中,总体积100 mL,混匀后室温(25℃)保存。

(11)10% AP:0.1 g AP溶于Milli-Q水中,总体积1 mL,用时加水溶解。

(12)琼脂糖封顶液:0.5%低熔点琼脂糖0.5 g,25 mM Tris碱0.303 g,192 mM甘氨酸1.44 g,0.1% SDS 1 mL,0.001%溴酚蓝100 μl,加Milli-Q水定容至100 mL,混匀后在微波炉中加热直至琼脂糖完全溶解,贮存于4℃备用。

四、实验步骤

(一)蛋白质提取

精确称取样品50 mg,在研钵中加入液氮研磨至粉末状,分装于Eppendorf管中并添加500 μL的裂解液(100倍稀释),用研磨棒进一步磨匀,于4℃下孵育2 h(每30 min混旋一次)后在低温(4℃)离心机中12 000 rpm离心1 h,撇开上面悬浮物和下层沉淀物,取中间层的澄清液,用1.5 mL的离心管分装,抽提蛋白质浓度定量后储藏于−80℃备用,实验重复三次。

(二)蛋白质定量

结合Lowry比色法用2-D Quant kit试剂盒检测样本中蛋白质的含量。Lowry法是通过沉淀剂和共沉淀剂去除干扰物质并使溶液中蛋白质沉淀,以碱性铜离子溶液重新溶解蛋白质沉淀,铜离子将与多肽骨架结合,随后加入到能够与游离铜离子发生反应的显色剂,这时溶液颜色发生变化,深浅程度与蛋白质浓度成负相关,根据标准曲线可以精确定量样品中的蛋白质。步骤如下:

(1)将5 μL DC试剂S与250 μL DC试剂A混合(试剂A′),每份标准蛋白/待测样品需要127 μL试剂A′。

(2)将标准蛋白作标准梯度稀释,蛋白质浓度分别为0,0.25,0.50,0.75,1.00,1.25和1.50 mg/mL。

(3)从每份待测样品中取出 25 μL,向每管中加入 125 μL RC 试剂Ⅰ,混旋后室温放置 1 min。

(4)接着向每管中加入 125 μL RC 试剂Ⅱ,混旋后于 15 000 rpm 离心 5 min。

(5)弃去上清液,将离心管倒置在吸水纸上,使溶液彻底被吸干。

(6)向每个离心管中加入 127 μL 试剂 A′并混旋,直至沉淀彻底溶解,在进行下一步前再次混旋。

(7)分别向每个离心管加入 1 mL DC 试剂 B,立即混旋,室温下放置 15 min。

(8)在 750 nm 下读取吸光值,吸光度测定在 1 h 内完成。

每个浓度测 3 个重复,以标准蛋白质的浓度为 x 轴,吸光度 A 值为 y 轴作标准曲线。

(三)双向电泳

1. 第一向等电聚焦

(1)从冰箱中取出 −20℃冷冻保存的 IPG 预制胶条(17 cm,5～8),在室温下放置 10 min,使胶条恢复到常温状态。

(2)从冰箱中取出 −20℃冷冻保存的水化加样缓冲母液(其中 8 mol/L 尿素,2 mol/L硫脲,0.065 mol/L 丙磺酸),置室温解冻,加入二硫苏糖醇(DTT)10 mg 和两性电解质溶液(Bio-Lyte pH 5～8)6.67 μL 并充分混匀。

(3)根据蛋白浓度检测结果的计算,将相同蛋白含量(210 μg)的样品与一定量的水化加样缓冲液充分混匀,使上样总溶液体积达到 300 μL。

(4)将样品均匀加入到清洗干净的聚焦盘中(样品的添加量根据胶条的长度和样品的蛋白质含量确定),中间的样品液一定要连贯。

(5)当所有的蛋白质样品都已经加入到聚焦盘中后,用镊子轻轻地去除预制 IPG 胶条上的支持膜。

(6)分清胶条的正负极,轻轻将 IPG 胶条胶面朝下置于聚焦盘或水化盘中样品溶液上,使得胶条的正极对应于聚焦盘的正极,确保胶条与电极紧密接触。

(7)在每根胶条上覆盖约 2 mL 矿物油,防止胶条水化过程中液体的蒸发。

(8)盖好盖子后置于等电聚焦仪(IPGphor)电极板上,确保胶条与电极密切接触。

(9)设置水化条件:在 50 V 的低压电场下主动水化 12 h。

(10)水化结束后搭盐桥,并直接进行 IEF(最高电流 50 μA/gel,温度 20℃),等电聚焦程序如表 29-1 所示。

表 29-1 等电聚焦升压程序

程序	电压(V)	升压模式	持续时间	作用
S1	50	线性	1 h	除盐
S2	500	快速	1 h	除盐
S3	1000	线性	30 min	除盐
S4	4000	快速	30 min	升压
S5	8000	快速	30 min	升压
S6	8000	快速	80000 V·h	聚焦
S7	500	快速	10 h	保持

(11)电泳完毕取出胶条,湿润滤纸吸去残余矿物油。如不及时进行垂直板 SDS-PAGE 电泳,胶条可−20℃暂存。

2. 胶条的平衡

(1)在桌上先放置干的厚滤纸,聚焦好的胶条胶面朝上放在干滤纸上;将另一份厚滤纸用 Milli-Q 水浸湿,挤去多余水分,然后直接置于胶条上,轻轻吸干胶条上的矿物油及多余样品;这可以减少凝胶染色时出现的纵条纹。

(2)将胶条转移至样品水化盘中,每个槽一根胶条,在有胶条的槽中加入 6 mL 平衡缓冲液Ⅰ(平衡母液中临时加入 2% DTT),将平衡盘放在水平摇床上缓慢摇晃 13~14 min(一定要小于 15 min)。

(3)再加入 6 mL 胶条平衡缓冲液Ⅱ(以 2.5%碘乙酰胺替换平衡液Ⅰ中 2% DTT),继续在水平摇床上缓慢摇晃约 15 min。平衡结束后,用滤纸吸取多余的平衡液(将胶条竖在滤纸上,以免损失蛋白或损坏凝胶表面)。

3. SDS-PAGE

(1)将清洗干净并完全干燥的玻璃板按照仪器操作说明要求在支架上安装好。

(2)配制 12.5%的丙烯酰胺凝胶两块配方见表 29-2,配 70 mL 凝胶溶液,每块凝胶 35 mL,充分混匀,注意过硫酸铵要新鲜配制。

表 29-2 分离胶配方

最终浓度	7.5%	10%	12.5%	X%
30%丙烯酰胺贮液	2.5 mL	3.33 mL	4.17 mL(5 mL)	3.3(X%)=(A)* mL
4×分离胶缓冲液	2.5 mL	2.5 mL	2.5 mL(3 mL)	2.5 mL
10% SDS	0.1 mL	0.1 mL	1.0 mL(0.12 mL)	1.0 mL
Milli-Q 水	4.85 mL	4.02 mL	3.18 mL(3.82 mL)	7.35−(A)*
10% APS	50 μL	50 μL	50 μL(60 μL)	50 μL
TEMED	3.3 μL	3.3 μL	3.3 μL(3.92 μL)	3.3 μL
总体积	10 mL	10 mL	10 mL(12 mL)	10 mL

(3)慢慢地将凝胶溶液分别注入玻璃板夹层中(1 mm 厚度),上部留 1 cm 的空间,用饱和正丁醇封闭,保持胶面平整。

(4)待凝胶凝固后倒去分离胶表面的饱和正丁醇,用 Milli-Q 水冲洗胶面数次;

(5)用滤纸吸去 SDS-PAGE 聚丙烯酰胺凝胶上方玻璃板间多余的液体,将处理好的第二向凝胶放在桌面上,长玻璃板在下,短玻璃板朝上。

(6)将 10×电泳缓冲液,用量筒稀释 10 倍,配成 1 倍的电泳缓冲工作液,去除缓冲液表面的气泡。

(7)将 IPG 胶条从样品水化盘中移出,并用滤纸吸取多余的平衡液(将胶条竖在滤纸上,以免损失蛋白质或损坏凝胶表面)。

(8)用镊子夹住胶条的一端使胶面完全浸泡在电泳缓冲工作液中,然后将胶条胶面朝上放在凝胶的长玻璃板上,其余胶条同样操作。

(9)用镊子轻轻地将胶条向下推,使之与聚丙烯酰胺凝胶胶面完全接触。

(10)将放有胶条的 SDS-PAGE 凝胶转移到灌胶架上,短玻璃板一面对着自己,在凝胶的上方加入低熔点琼脂糖封胶液。

(11)如果胶条与聚丙烯酰胺凝胶之间有气泡,就用镊子将胶条轻轻下压。

(12)室温下放置,使低熔点琼脂糖封胶液彻底凝固,将凝胶转移至电泳槽中;

(13)在电泳槽加入电泳缓冲液后,接通电源开始 SDS-PAGE 电泳,运行电压如表 29-3 进行。待溴酚蓝指示剂到达底部边缘时即可停止电泳。

表 29-3 SDS-PAGE 电泳设置参数

电压/V	时间/min	作用
80	30	浓缩
250	60	转移
350	60	分离
450	90	分离

(14)电泳结束后,卸下玻璃板,轻轻撬开两层玻璃,取出凝胶,并切角以做记号(戴手套,防止污染胶面)进行染色。

4. 硝酸银染色

染色方法与试剂用量如表 29-4 所示。

(1) 取胶:取出的胶板平放在垫有干净吸水纸的桌面上,用塑料尺沿胶板两端轻轻启开玻璃板(注意不要从中间启,防止胶断裂)。取下的玻璃板用自来水冲洗后放在架上,即用即洗。

(2) 固定:用手缓慢拉起胶一边(如这边有裂口,换另一边拉起),将胶轻轻放入盛有 500 mL 固定液的染色盒中,脱色摇床摇动过夜。(注意:摇动速率不要太快,适中即可,防止胶破裂。)

(3) 敏化:胶固定好后,倒掉固定液(注意用手轻按住胶上部,避免滑入水槽中);在染色盒中加入 500 mL 敏化液,脱色摇床摇动 30 min。

表 29-4　双向电泳银染步骤与配方

步骤	试剂和浓度	体积/mL	次数	时间/min
固定	10%冰乙酸+40%乙醇	500	1	120
敏化	30%乙醇+6.8%乙酸钠+0.2%亚硫酸钠	500	1	30
水洗	Milli-Q 水	500	3	15
银染	0.25%硝酸银	500	1	20
水洗	Milli-Q 水	500	2	2
显色	2%碳酸钠+0.0148%甲醛	500	1	视情况定
终止	1.16% $EDTA-Na_2 \cdot H_2O$	500	1	10
水洗	超纯水	500	3	15

(4) 洗胶:敏化到时后,倒掉敏化液,用 ddH_2O(500 mL/次)洗三次,脱色摇床摇动 5 min/次。

(5) 染色:在染色盒中加入 500 mL 染色液,脱色摇床摇动 20 min。

(6) 洗胶:染色到时后,倒掉染色液,用 ddH_2O(500 mL/次)洗二次,脱色摇床摇动 1 min/次。

(7)显色:在染色盒中加入 500 mL 显色液,观察胶显色情况。

(8)终止:胶显色到适当时间(4~6 min),倒掉显色液,加入 500 mL 终止液,终止反应。

如果要取点用于质谱检测,则需要用 ddH_2O(500 mL/次)洗三次,最后一次摇动稍长时间。

5.图像的扫描与分析

蛋白质双向电泳凝胶显色后,要对凝胶图像进行备份保存,从而以数字化图像的形式存储下来,而且要尽量完整地保留定性和定量信息,以利于进一步分析。采用高分辨专业扫描仪(Calibrated Densitometer,GS800,Bio-Rad,USA)对银染凝胶进行灰度扫描,扫描方式为透射,图谱保存为 TIF 格式。所获得扫描图像可通过图像分析软件进行差异蛋白质组分析。

采用 Bio-Rad 公司 PDQuest 7.0 凝胶图像分析软件读取分析二维图像数据。图谱分析前将各组原始扫描图像剪切成同样大小,对图像进行分析。PDQuest 7.0 分析软件的工作原理是围绕每一个像素点构建一个算子,然后比较算子中心和边缘的光密度值,比值达到一定强度时该中心点的像素即被认为是蛋白质点的一部分,重复此过程,软件即可自动检测出完整的蛋白质点。分析过程包括蛋白质点检测、背景消减、归一化处理和蛋白质点匹配等。

五、实验记录

(1)以标准蛋白浓度(mg/mL)为横坐标、吸光度 A_{595} 为纵坐标绘制标准蛋白曲线。

(2)将实验扫描图谱结果贴到指定框内。

六、思考题

(1) 简述蛋白组学双向电泳技术的基本原理。

(2) 蛋白组学双向电泳样品制备应遵循的基本原理是什么?

(3) 实施双向电泳技术操作中应特别注意哪些问题?

参考文献

[1] 李娇.中国对虾贮藏过程中肌肉蛋白质生化特性变化规律研究[D].杭州:浙江工商大学,2011.

[2] 黄建国,高学军,李庆章,等.双向电泳检测奶牛乳腺上皮细胞核磷酸化蛋白质方法的建立[J].乳业科学与技术,2011,6(34):250—253.

实验三十

微生物分子免疫学实验-斑点免疫渗滤分析

一、实验目的

(1)学习血清学试验的一般规律、影响因素。

(2)学习抗原或抗体检测常用的检测方法。

(3)尝试针对不同对象,自主设计检测方法。

二、实验原理

斑点免疫渗滤分析的免疫反应是通过垂直穿透固定有配体的硝酸纤维素膜而进行的。加样品于固定有抗体或抗原的硝酸纤维素膜上,通过渗滤在膜中形成抗体—抗原复合物,洗涤渗滤后,再加液体的胶体金标记抗体。当结果为阳性时,在膜上固定有抗体—抗原—胶体金标记抗体复合物而呈现红色斑点。如样品中无抗原,则不被捕获,就不显色,则结果为阴性。该方法简单快捷,灵敏度高,准确性强,可广泛应用于各类定性快速检验。

人绒毛膜促性腺激素(human chorionic gonadotropin,HCG)是由胎盘的滋养层细胞分泌的一种糖蛋白,由 α 和 β 二聚体的糖蛋白组成,常用于各医学检测或作为免疫学实验阳性样本。本实验以 HCG 为例进行斑点免疫渗滤分析实验。

三、试剂与器材

胶体金标记鼠抗 α-HCG 抗体,鼠抗 β-HCG 抗体,羊抗鼠抗体,硝酸纤维素膜,滤纸,洗涤液,HCG 阳性标本

四、实验步骤

(1)将硝酸纤维素膜剪成约 25 mm×25 mm 大小的片状,放在相同大小的滤纸上。

(2)在硝酸纤维素膜上分别点样:羊抗鼠抗体和鼠抗 β-HCG 抗体溶液,形成质控区与检测区(如图 30-1)。

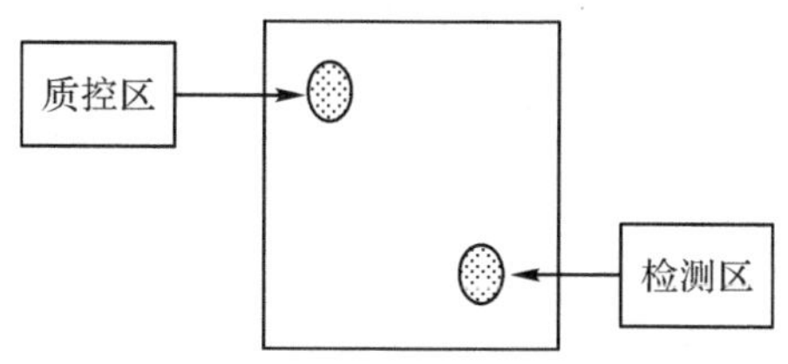

图 30-1　免疫渗滤示意图

(3)在 45℃烘箱中加热约 2 h,固定样品。
(4)在硝酸纤维素膜上滴加 HCG 阳性标本。
(5)在硝酸纤维素膜上加液体的胶体金标记抗体,反应 3 min。
(6)用洗涤液冲洗后读取结果。

五、实验结果记录

如图所示:

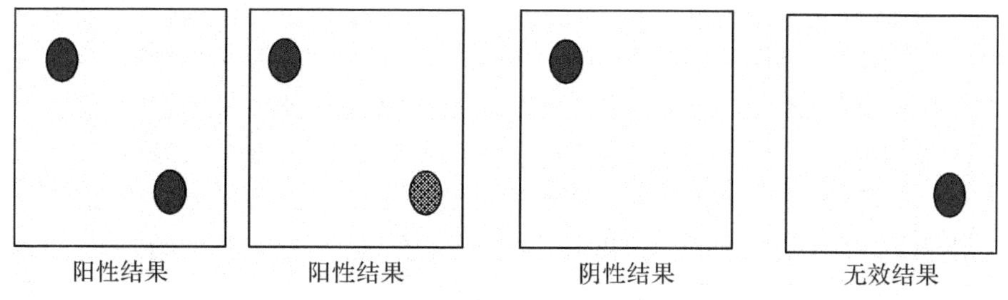

六、思考题

(1)试分析出现无效结果的原因可能有哪些?
请根据此实验方法,针对本学期实验中检测过的目标产物设计定性或半定量快速检验方案。

实验三十一

微生物基因组测序与序列组装

一、实验目的

(1) 了解下一代测序技术的原理及其在微生物学研究中的应用。

(2) 掌握基因组装软件 Velvet 的使用方法。

二、实验原理

第一代测序技术始于 1975 年 Sanger 的双脱氧链终止法,发展到现在,Sanger 测序用四种不同的荧光染料分别标记片段末端不同的碱基,通过电泳将不同长度的片段分开,根据末端碱基得到原始序列信息。目前,Sanger 测序可以测到 800～1 000个碱基,但是测序通量很小,而且价格昂贵。2004—2005 年间开始商业化使用的第二代测序技术(Next-Generation Sequencing)克服了以上两个缺点,它可以同时对多个 DNA 片段进行平行测序:将打碎后建库的 DNA 片段锚定在固体介质表面,比如通过连接接头的方法将 DNA 片段锚定在多个磁珠上进行 PCR 反应(Roche/454 平台),或者锚定在测序通道内表面进行桥式 PCR(Illumina 平台)。通过对每个锚定 DNA 每加一个碱基进行一次"加上荧光染料—洗脱多余染料—荧光成像扫描"的循环过程,实现平行高通量的深度测序(图 30-1)。目前常用的平台是 Roche/454 公司的 FLX 测序仪 Illumina 的 HiSeq 2000 测序仪和 ABI 的 SOLiD 测序平台。根据提供的 DNA 来源和前期处理的不同,二代测序技术可以用以解答不同研究目的的生物学问题,如可以用于微生物研究中的比较基因组学、转录组学、宏基因组学等。

本实验将学习使用 Velvet 软件组装 Illumina/Solexa 平台基因组测序结果。

Velvet 软件主要有两个程序组成:velveth 和 velvetg。

(1) velveth 的输入默认是 fasta 格式的序列文件,也能识别 fastq、fasta. gz、fastq. gz、sam、bam、eland 和 gerald 文件。序列类型默认是 short,也可以是 shortPaired、short2、shortPaired2、long 或 longPaired。

命令格式为:

```
$ ./velveth output_directory hash_length [[-file_format][-read_type] filename]
```

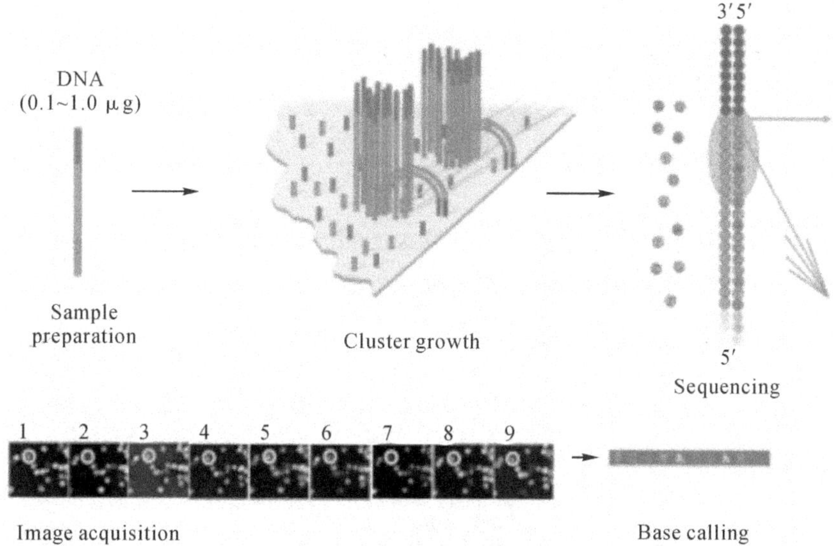

图 31-1 Illumina 测序原理

velveth 运行的结果生成一个 hash 表,并输出 3 个文件,其中 Roadmaps 和 Sequences 文件是下一步 velvetg 程序运行必需的。

Log:日志文件

Roadmaps:路线图文件

Sequences:序列文件,包含所有输入的序列

(2) velvetg 是 velvet 的核心程序,其命令格式为:

```
$ ./velvetg output_directory/ [-cov_cutoff][-max_coverage]…
```

运行的结果输出以下文件:

contigs.fa:fasta 格式的组装好的片段,长度大于 2k(k 为 velveth 运行时用的字长)

PreGraph:中间组装图

LastGraph:最后组装图

Graph:最后组装图

stats.txt:统计信息

三、实验材料与仪器

(1) 计算机(安装有 Ubuntu Linux 系统)。

(2) *E. coli* 基因组测序原始序列文件,*E. coli* K12 的基因组测序数据可以从下面网址下载:http://download.clcbio.com/testdata/raw_data/solexa.zip。

四、实验步骤

(1)分离细菌 *E. coli* 单克隆,菌株在 25 mL LB 中培养过夜,用于基因组 DNA 提取。

(2)基因组提取可以用细菌基因组提取试剂盒,如 QIAGEN DNeasy Blood & Tissue Kit,DNA 提取步骤参考试剂盒说明手册。

(3)紫外光谱检测提取的基因组 DNA 质量。一般基因组 DNA 样品(~20 μg)在 230 nm 与 260 nm 有吸收峰,要求比值 280/260>1.8;并且比值 260/230>2。

(4)每菌株样品提交至少 2 μg 基因组 DNA 用于高通量测序。目前测序公司常见用 Illumina 公司的 HiSeq2000 测序仪,可测两末端各 100 bp 的数据。测序文库的构建流程及其他 Illumina 平台测序技术可以参考 Illumina 公司网站的说明:http://www.illumina.com/technology/sequencing_technology.ilmn。

(5)测序数据的预处理。高通量测序的序列数据一般存储在 FASTQ 格式文件,文件后缀一般为.fastq,.fq 等。FASTQ 格式以每个测序读长(read)为 4 行,分别为头、序列、序列 ID(可选)和质量分数(ASCII 编码表示)。

```
@HWI-EAS737:1:1:2:687#0/1
TGTCTANTGAATTCTAAAAACAGTACTTTTNTTGTTTNTTTGCAAAAAAA
TAAAAAAGAGCAGACA
+HWI-EAS737:1:1:2:687#0/1
X][`aBaH_baaTaa^U_XaXXba`_`Ba^^a\BYa\_a_I\baa^Wb]aa`SIZ_aab
```

(6)测序原始数据可以用 FastQC 评价质量好坏。FastQC 可以从网址(http://www.bioinformatics.babraham.ac.uk/projects/fastqc/)下载。运行 FastQC 图形界面,打开 FASTQ 数据文件,就会以显示质量报告。检查 per-base quality, per-sequence quality 及 per-base content 等。其中 overrepresentation of sequences 可能是测序 PCR 假阳性(artifacts)。通过参考 FastQC 图标的颜色判断质量好坏(绿色代表正常;橙色代表可能有些问题;红色代表非常可能有问题)。但是也要注意测序中有些小的异常是可以接受的,并不会对后续数据分析造成影响。

(7)如果数据质量有问题,可以通过 FASTX-Toolkit 软件对数据文件进行处理,如一般要求测序数据的 reads 质量(-q)都为 20 以上:

```
$ fastq_quality_filter-Q 33-q 20-p 80-i infile.fq-o outfile.fq
```

[-q N]代表只保留最小质量分数 N 以上。

[-p N]代表具有以上-q 质量的碱基占的最小百分率。

其他命令可以参考网站说明 http://hannonlab.cshl.edu/fastx_toolkit。

(8)Velvet 组装基因组。

①下载 Velvet:http://www.ebi.ac.uk/~zerbino/velvet/。

②Velvet 软件编译:

```
$ cd
$ mkdir assemble_velvet
$ cp /home/bioinfo/Downloads/velvet_1.2.10.tgz assemble_velvet/
$ cd assemble_velvet
$ tar zxvf velvet_1.2.10.tgz #解压
$ cd velvet_1.2.10
$ make   #编译
$ sudo apt-get install velvet   #如果上面编译不成功可以用这条命令安装
```

③首先利用 velvet 自带的脚本程序对每一个 pair-end 数据进行合并:

```
$ shuffleSequences_fastq.pl s1_1.fq s1_2.fq s1.fq
```

④运行 velveth 格式化 reads:

```
$ velveth assembly_all 23-fastq-shortPaired s1_paired.fq-short s1_1.fq-unique.out-
short s1_2.fq-unique.out
```

这里哈希长度(K-mer)为 23,输入文件格式为 fastq (-fastq),测序 reads 类型分别为配对的双末端序列(-shortPaired)与末配对的单端序列(-short)。

* K-mer 值必须为奇数,且小于 MAXKMERLENGTH,这个值默认为 31,test multiple K-mer values, and calculate the total number of contigs, N50, and N90 for each assembly.

⑤运行 velvetg 组装序列:

```
$ velvetg assembly_all -cov_cutoff auto -exp_cov auto -ins_length 500 -ins_length_sd 50
```

这里 assembly_all 是工作目录

-ins_length:双端测序 reads 中间插入片段的长度

-cov_cutoff:过滤覆盖度域值,默认不移除

-exp_cov:测序区域的期望覆盖率,auto 为程序自动

-ins_length_sd:数据集的标准差,默认 corresponding length 的 10%

上述组装命令运行后,会产生拼装得到的序列,为组装重叠群 contigs,存储在工作目录下 contigs.fa 文件中。

⑥检查序列组装(assembly)结果:

```
$ count_fasta.pl assembly_all/contigs.fa
```

根据出来的 N50 和 max contig 长度来判断拼接的效果,contig 数尽量小。可

以改变选项和参数，得到最优结果。最后组装得到的 Congtigs 序列可以用于后续基因组分析与实验验证，如基因预测、比对基因组等。

五、实验报告

(1) 运行环境(包括操作系统和软件)，实验步骤，结果文件记录。
(2) 上机实验中遇到的问题及其解决方法。

六、思考题

(1) 下一代测序技术有哪些？其中 Illumina 平台的测序原理是什么？
(2) 基因组组装的参数 N50 代表什么？

参考文献

[1] Metzker M L. Sequencing technologies — the next generation[J]. Nature Review of Genetics. 2010, 11(1):31—46.
[2] Royce L, Boggess E, Jin T, et al. Identification of Mutations in Evolved Bacterial Genomes. In: Alper HS, editor. Systems Metabolic Engineering [M]. Humana Press, 2013:249—267.
[3] 秦楠，栗东芳，杨瑞馥. 高通量测序技术及其在微生物学研究中的应用[J]. 微生物学报，2011，51(4):445—457.

附录一

食品安全国家标准　食品微生物学检验　大肠菌群计数

一、范围

本标准规定了食品中大肠菌群(Coliforms)计数的方法。

本标准适用于食品中大肠菌群的计数。

二、术语和定义

(一)大肠菌群 Coliforms

在一定培养条件下能发酵乳糖、产酸产气的需氧和兼性厌氧革兰氏阴性无芽胞杆菌。

(二)最可能数 most probable number,MPN

基于泊松分布的一种间接计数方法。

三、设备和材料

除微生物实验室常规灭菌及培养设备外,其他设备和材料如下。

1. 恒温培养箱:36℃±1℃。
2. 冰箱:2℃～5℃。
3. 恒温水浴箱:46℃±1℃。
4. 天平:感量 0.1 g。
5. 均质器。
6. 振荡器。
7. 无菌吸管:1 mL(具 0.01 mL 刻度)、10 mL(具 0.1 mL 刻度)或微量移液器及吸头。
8. 无菌锥形瓶:容量 500 mL。
9. 无菌培养皿:直径 90 mm。

10. pH 计或 pH 比色管或精密 pH 试纸。

11. 菌落计数器。

四、培养基和试剂

1. 月桂基硫酸盐胰蛋白胨(Lauryl Sulfate Tryptose,LST)肉汤:见附录 A 中 A.1。

2. 煌绿乳糖胆盐(Brilliant Green Lactose Bile,BGLB)肉汤:见附录 A 中 A.2。

3. 结晶紫中性红胆盐琼脂(Violet Red Bile Agar,VRBA):见附录 A 中 A.3。

4. 磷酸盐缓冲液:见附录 A 中 A.4。

5. 无菌生理盐水:见附录 A 中 A.5。

6. 无菌 1 mol/L NaOH:见附录 A 中 A.6。

7. 无菌 1 mol/L HCl:见附录 A 中 A.7。

第一法　大肠菌群 MPN 计数法

五、检验程序

大肠菌群 MPN 计数的检验程序见图 1。

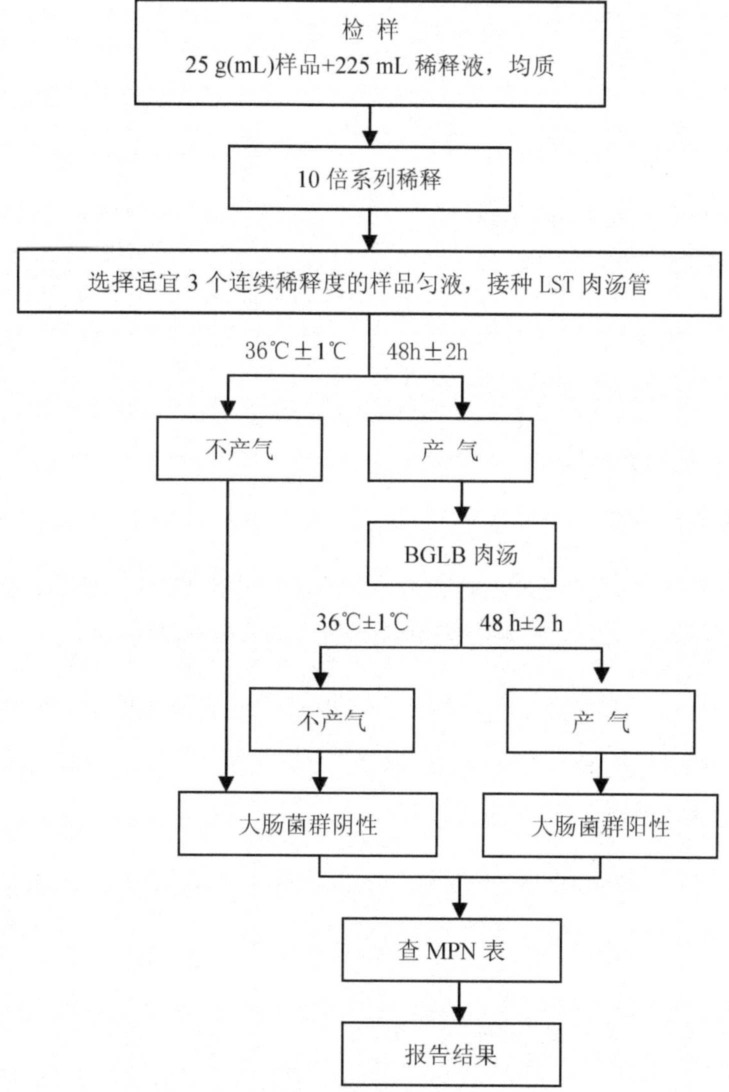

图 1　大肠菌群 MPN 计数法检验程序

六、操作步骤

(一)样品的稀释

1. 固体和半固体样品：称取 25 g 样品，放入盛有 225 mL 磷酸盐缓冲液或生理盐水的无菌均质杯内，8 000 r/min～10 000 r/min 均质 1 min～2 min，或放入盛有 225 mL 磷酸盐缓冲液或生理盐水的无菌均质袋中，用拍击式均质器拍打 1 min～2 min，制成 1：10 的样品匀液。

2. 液体样品：以无菌吸管吸取 25 mL 样品置盛有 225 mL 磷酸盐缓冲液或生理盐水的无菌锥形瓶（瓶内预置适当数量的无菌玻璃珠）中，充分混匀，制成 1∶10 的样品匀液。

3. 样品匀液的 pH 值应在 6.5～7.5 之间，必要时分别用 1 mol/L NaOH 或 1 mol/L HCl 调节。

4. 用 1 mL 无菌吸管或微量移液器吸取 1∶10 样品匀液 1 mL，沿管壁缓缓注入 9 mL 磷酸盐缓冲液或生理盐水的无菌试管中（注意吸管或吸头尖端不要触及稀释液面），振摇试管或换用 1 支 1 mL 无菌吸管反复吹打，使其混合均匀，制成 1∶100的样品匀液。

5. 根据对样品污染状况的估计，按上述操作，依次制成十倍递增系列稀释样品匀液。每递增稀释 1 次，换用 1 支 1 mL 无菌吸管或吸头。从制备样品匀液至样品接种完毕，全过程不得超过 15 min。

（二）初发酵试验

每个样品，选择 3 个适宜的连续稀释度的样品匀液（液体样品可以选择原液），每个稀释度接种 3 管月桂基硫酸盐胰蛋白胨（LST）肉汤，每管接种 1 mL（如接种量超过 1 mL，则用双料 LST 肉汤），36℃±1℃培养 24 h±2 h，观察倒管内是否有气泡产生，24 h±2 h 产气者进行复发酵试验，如未产气则继续培养至 48 h±2 h，产气者进行复发酵试验。未产气者为大肠菌群阴性。

（三）复发酵试验

用接种环从产气的 LST 肉汤管中分别取培养物 1 环，移种于煌绿乳糖胆盐肉汤（BGLB）管中，36℃±1℃培养 48 h±2 h，观察产气情况。产气者，计为大肠菌群阳性管。

（四）大肠菌群最可能数（MPN）的报告

按（三）确证的大肠菌群 LST 阳性管数，检索 MPN 表（见附录 B），报告每 g（mL）样品中大肠菌群的 MPN 值。

第二法　大肠菌群平板计数法

七、检验程序

大肠菌群平板计数法的检验程序见图 2。

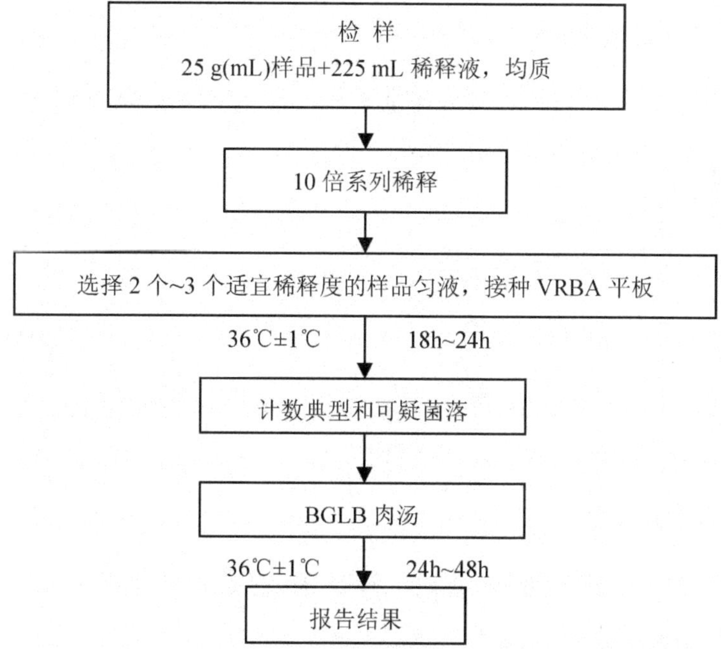

图 2　大肠菌群平板计数法检验程序

八、操作步骤

(一)样品的稀释

按 6.1 进行。

(二)平板计数

1. 选取 2～3 个适宜的连续稀释度，每个稀释度接种 2 个无菌平皿，每皿 1 mL。同时取 1 mL 生理盐水加入无菌平皿作空白对照。

2. 及时将 15～20 mL 冷至 46 ℃的结晶紫中性红胆盐琼脂(VRBA)约倾注于每个平皿中。小心旋转平皿，将培养基与样液充分混匀，待琼脂凝固后，再加 3～4 mL VRBA 覆盖平板表层。翻转平板，置于 36±1℃培养 18～24 h。

(三)平板菌落数的选择

选取菌落数在 15～150 CFU 之间的平板，分别计数平板上出现的典型和可疑大肠菌群菌落。典型菌落为紫红色，菌落周围有红色的胆盐沉淀环，菌落直径为 0.5 mm 或更大。

(四)证实试验

从 VRBA 平板上挑取 10 个不同类型的典型和可疑菌落，分别移种于 BGLB 肉汤管内，36±1℃培养 24～48 h，观察产气情况。凡 BGLB 肉汤管产气，即可报告为大肠菌群阳性。

(五)大肠菌群平板计数的报告

经最后证实为大肠菌群阳性的试管比例乘以(三)中计数的平板菌落数，再乘以稀释倍数，即为每 g(mL)样品中大肠菌群数。例：10^{-4} 样品稀释液 1 mL，在 VRBA 平板上有 100 个典型和可疑菌落，挑取其中 10 个接种 BGLB 肉汤管，证实有 6 个阳性管，则该样品的大肠菌群数为：$100 \times 6/10 \times 10^4$/g(mL) = 6.0×10^5 CFU/g(mL)。

附录 A (规范性附录)培养基和试剂

(一)月桂基硫酸盐胰蛋白胨(LST)肉汤

1. 成分

胰蛋白胨或胰酪胨	20.0 g
氯化钠	5.0 g
乳糖	5.0 g
磷酸氢二钾(K_2HPO_4)	2.75 g
磷酸二氢钾(KH_2PO_4)	2.75 g
月桂基硫酸钠	0.1 g
蒸馏水	1 000 mL
pH 6.8±0.2	

2. 制法

将上述成分溶解于蒸馏水中，调节 pH。分装到有玻璃小倒管的试管中，每管 10 mL。121 ℃高压灭菌 15 min。

(二)煌绿乳糖胆盐(BGLB)肉汤

1. 成分

蛋白胨	10.0 g
乳糖	10.0 g
牛胆粉(oxgall 或 oxbile)溶液	200 mL

0.1%煌绿水溶液	13.3 mL
蒸馏水	800 mL
pH 7.2±0.1	

2.制法

将蛋白胨、乳糖溶于约500 mL蒸馏水中，加入牛胆粉溶液200 mL(将20.0 g脱水牛胆粉溶于200 mL蒸馏水中，调节pH至7.0～7.5)，用蒸馏水稀释到975 mL，调节pH，再加入0.1%煌绿水溶液13.3 mL，用蒸馏水补足到1 000 mL，用棉花过滤后，分装到有玻璃小倒管的试管中，每管10 mL。121 ℃高压灭菌15 min。

(三)结晶紫中性红胆盐琼脂(VRBA)

1.成分

蛋白胨	7.0 g
酵母膏	3.0 g
乳糖	10.0 g
氯化钠	5.0 g
胆盐或3号胆盐	1.5 g
中性红	0.03 g
结晶紫	0.002 g
琼脂	15 g～18 g
蒸馏水	1 000 mL
pH 7.4±0.1	

2.制法

将上述成分溶于蒸馏水中，静置几分钟，充分搅拌，调节pH。煮沸2 min，将培养基冷却至45℃～50℃倾注平板。使用前临时制备，不得超过3 h。

(四)磷酸盐缓冲液

1.成分

磷酸二氢钾(KH_2PO_4)	34.0 g
蒸馏水	500 mL
pH 7.2	

2.制法

贮存液：称取34.0 g的磷酸二氢钾溶于500 mL蒸馏水中，用大约175 mL的1 mol/L氢氧化钠溶液调节pH，用蒸馏水稀释至1 000 mL后贮存于冰箱。

稀释液：取贮存液1.25 mL，用蒸馏水稀释至1 000 mL，分装于适宜容器中，121℃高压灭菌15 min。

(五)无菌生理盐水

1. 成分

氯化钠	8.5 g
蒸馏水	1 000 mL

2. 制法

称取 8.5 g 氯化钠溶于 1 000 mL 蒸馏水中，121℃高压灭菌 15 min。

(六)1 mol/L NaOH

1. 成分

NaOH	40.0 g
蒸馏水	1000 mL

2. 制法

称取 40 g 氢氧化钠溶于 1 000 mL 蒸馏水中，121 ℃高压灭菌 15 min。

(五)1 mol/L HCl

1. 成分

HCl	90 mL
蒸馏水	1 000 mL

2. 制法

移取浓盐酸 90 mL，用蒸馏水稀释至 1 000 mL，121℃高压灭菌 15 min。

附录 B （规范性附录）大肠菌群最可能数（MPN）检索表

(一)大肠菌群最可能数(MPN)检索表

每 g(mL)检样中大肠菌群最可能数(MPN)的检索见表 B.1。

表 B.1 大肠菌群最可能数(MPN)检索表

阳性管数			MPN	95%可信限		阳性管数			MPN	95%可信限	
0.10	0.01	0.001		下限	上限	0.10	0.01	0.001		下限	上限
0	0	0	<3.0	—	9.5	2	2	0	21	4.5	42
0	0	1	3.0	0.15	9.6	2	2	1	28	8.7	94
0	1	0	3.0	0.15	11	2	2	2	35	8.7	94

续表

阳性管数			MPN	95%可信限		阳性管数			MPN	95%可信限	
0.10	0.01	0.001		下限	上限	0.10	0.01	0.001		下限	上限
0	1	1	6.1	1.2	18	2	3	0	29	8.7	94
0	2	0	6.2	1.2	18	2	3	1	36	8.7	94
0	3	0	9.4	3.6	38	3	0	0	23	4..6	94
1	0	0	3.6	0.17	18	3	0	1	38	8.7	110
1	0	1	7.2	1.3	18	3	0	2	64	17	180
1	0	2	11	3.6	38	3	1	0	43	9	180
1	1	0	7.4	1.3	20	3	1	1	75	17	200
1	1	1	11	3.6	38	3	1	2	120	37	420
1	2	0	11	3.6	42	3	1	3	160	40	420
1	2	1	15	4.5	42	3	2	0	93	18	420
1	3	0	16	4.5	42	3	2	1	150	37	420
2	0	0	9.2	1.4	38	3	2	2	210	40	430
2	0	1	14	3.6	42	3	2	3	290	90	1 000
2	0	2	20	4.5	42	3	3	0	240	42	1 000
2	1	0	15	3.7	42	3	3	1	460	90	2 000
2	1	1	20	4.5	42	3	3	2	1 100	180	4 100
2	1	2	27	8.7	94	3	3	3	>1 100	420	—

注 1：本表采用 3 个稀释度[0.1 g(mL)、0.01 g(mL)和 0.001 g(mL)]，每个稀释度接种 3 管。

注 2：表内所列检样量如改用 1 g(mL)、0.1 g(mL)和 0.01 g(mL)时，表内数字应相应降低 10 倍；如改用 0.01 g(mL)、0.001 g(mL)、0.0001 g(mL)时，则表内数字应相应增高 10 倍，其余类推。

附录二

食品安全国家标准　食品微生物学检验　菌落总数测定

一、范围

本标准规定了食品中菌落总数(Aerobic plate count)的测定方法。

本标准适用于食品中菌落总数的测定。

二、术语和定义

(一)菌落总数 aerobic plate count

食品检样经过处理,在一定条件下(如培养基、培养温度和培养时间等)培养后,所得每 g(mL)检样中形成的微生物菌落总数。

三、设备和材料

除微生物实验室常规灭菌及培养设备外,其他设备和材料如下。

1. 恒温培养箱:36℃±1℃,30℃±1℃。
2. 冰箱:2~5℃。
3. 恒温水浴箱:46℃±1℃。
4. 天平:感量为 0.1 g。
5. 均质器。
6. 振荡器。
7. 无菌吸管:1 mL(具 0.01 mL 刻度)、10 mL(具 0.1 mL 刻度)或微量移液器及吸头。
8. 无菌锥形瓶:容量 250 mL、500 mL。
9. 无菌培养皿:直径 90 mm。
10. pH 计或 pH 比色管或精密 pH 试纸。
11. 放大镜或/和菌落计数器。

四、培养基和试剂

1. 平板计数琼脂培养基：见附录 A 中 A.1。
2. 磷酸盐缓冲液：见附录 A 中 A.2。
3. 无菌生理盐水：见附录 A 中 A.3。

五、检验程序

菌落总数的检验程序见图 1。

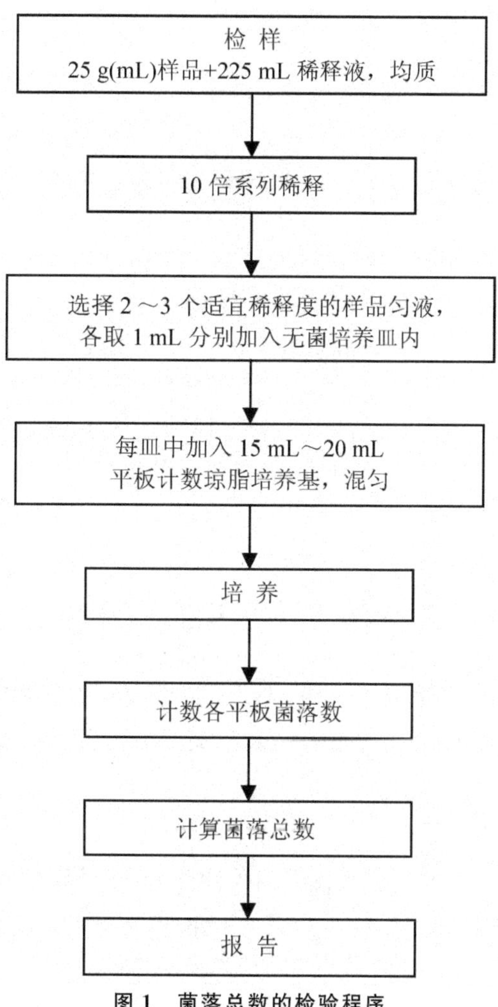

图 1　菌落总数的检验程序

六、操作步骤

(一)样品的稀释

1.固体和半固体样品:称取 25 g 样品置盛有 225 mL 磷酸盐缓冲液或生理盐水的无菌均质杯内,8 000～10 000 r/min 均质 1～2 min,或放入盛有 225 mL 稀释液的无菌均质袋中,用拍击式均质器拍打 1～2 min,制成 1∶10 的样品匀液。

2.液体样品:以无菌吸管吸取 25 mL 样品置盛有 225 mL 磷酸盐缓冲液或生理盐水的无菌锥形瓶(瓶内预置适当数量的无菌玻璃珠)中,充分混匀,制成 1∶10 的样品匀液。

3.用 1 mL 无菌吸管或微量移液器吸取 1∶10 样品匀液 1 mL,沿管壁缓慢注于盛有 9 mL 稀释液的无菌试管中(注意吸管或吸头尖端不要触及稀释液面),振摇试管或换用 1 支无菌吸管反复吹打使其混合均匀,制成 1∶100 的样品匀液。

4.按 3 操作程序,制备 10 倍系列稀释样品匀液。每递增稀释一次,换用 1 次 1 mL无菌吸管或吸头。

5.根据对样品污染状况的估计,选择 2～3 个适宜稀释度的样品匀液(液体样品可包括原液),在进行 10 倍递增稀释时,吸取 1 mL 样品匀液于无菌平皿内,每个稀释度做两个平皿。同时,分别吸取 1 mL 空白稀释液加入两个无菌平皿内作空白对照。

6.及时将 15 mL～20 mL 冷却至 46℃的平板计数琼脂培养基(可放置于 46℃±1℃恒温水浴箱中保温)倾注平皿,并转动平皿使其混合均匀。

(二)培养

1.待琼脂凝固后,将平板翻转,36±1℃培养 48±2 h。水产品 30±1℃培养 72±3 h。

2.如果样品中可能含有在琼脂培养基表面弥漫生长的菌落时,可在凝固后的琼脂表面覆盖一薄层琼脂培养基(约 4 mL),凝固后翻转平板,按 1 条件进行培养。

(三)菌落计数

可用肉眼观察,必要时用放大镜或菌落计数器,记录稀释倍数和相应的菌落数量。菌落计数以菌落形成单位(colony-forming units,CFU)表示。

1.选取菌落数在 30～300 CFU 之间、无蔓延菌落生长的平板计数菌落总数。低于 30 CFU 的平板记录具体菌落数,大于 300 CFU 的可记录为多不可计。每个稀释度的菌落数应采用两个平板的平均数。

2. 其中一个平板有较大片状菌落生长时，则不宜采用，而应以无片状菌落生长的平板作为该稀释度的菌落数；若片状菌落不到平板的一半，而其余一半中菌落分布又很均匀，即可计算半个平板后乘以 2，代表一个平板菌落数。

3. 当平板上出现菌落间无明显界线的链状生长时，则将每条单链作为一个菌落计数。

七、结果与报告

(一)菌落总数的计算方法

1. 若只有一个稀释度平板上的菌落数在适宜计数范围内，计算两个平板菌落数的平均值，再将平均值乘以相应稀释倍数，作为每 g(mL)样品中菌落总数结果。

2. 若有两个连续稀释度的平板菌落数在适宜计数范围内时，按公式(1)计算：

$$N = \sum C/(n_1 + 0.1n_2)d \tag{1}$$

式中：

N——样品中菌落数；

$\sum C$——平板(含适宜范围菌落数的平板)菌落数之和；

n_1——第一稀释度(低稀释倍数)平板个数；

n_2——第二稀释度(高稀释倍数)平板个数；

d——稀释因子(第一稀释度)。

示例：

稀释度	1∶100(第一稀释度)	1∶1 000(第二稀释度)
菌落数(CFU)	232 244	3 335

$$N = \sum C/(n_1 + 0.1n_2)d$$

$$= \frac{232 + 244 + 33 + 35}{[2 + (0.1 \times 2)] \times 10^{-2}} = \frac{544}{0.022} = 24727$$

上述数据按后文(二)中第 2 条数字修约后，表示为 25000 或 2.5×10^4。

3. 若所有稀释度的平板上菌落数均大于 300 CFU，则对稀释度最高的平板进行计数，其他平板可记录为多不可计，结果按平均菌落数乘以最高稀释倍数计算。

4. 若所有稀释度的平板菌落数均小于 30 CFU，则应按稀释度最低的平均菌落数乘以稀释倍数计算。

5. 若所有稀释度(包括液体样品原液)平板均无菌落生长，则以小于 1 乘以最低稀释倍数计算。

6. 若所有稀释度的平板菌落数均不在 30 CFU～300 CFU 之间，其中一部分小于 30 CFU 或大于 300 CFU 时，则以最接近 30 CFU 或 300 CFU 的平均菌落数乘以稀释倍数计算。

(二)菌落总数的报告

1. 菌落数小于 100 CFU 时，按"四舍五入"原则修约，以整数报告。
2. 菌落数大于或等于 100 CFU 时，第 3 位数字采用"四舍五入"原则修约后，取前 2 位数字，后面用 0 代替位数；也可用 10 的指数形式来表示，按"四舍五入"原则修约后，采用两位有效数字。
3. 若所有平板上为蔓延菌落而无法计数，则报告菌落蔓延。
4. 若空白对照上有菌落生长，则此次检测结果无效。
5. 称重取样以 CFU/g 为单位报告，体积取样以 CFU/mL 为单位报告。

附录 A　(规范性附录)培养基和试剂

(一)平板计数琼脂(Plate Count Agar，PCA)培养基

1. 成分

胰蛋白胨	5.0 g
酵母浸膏	2.5 g
葡萄糖	1.0 g
琼脂	15.0 g
蒸馏水	1000 mL

pH 7.0±0.2

2. 制法

将上述成分加于蒸馏水中，煮沸溶解，调节 pH。分装试管或锥形瓶，121℃高压灭菌 15 min。

(二)磷酸盐缓冲液

1. 成分

磷酸二氢钾(KH_2PO_4)	34.0 g
蒸馏水	500 mL

pH 7.2

2. 制法

贮存液：称取 34.0 g 的磷酸二氢钾溶于 500 mL 蒸馏水中，用大约 175 mL 的

1 mol/L 氢氧化钠溶液调节 pH,用蒸馏水稀释至 1 000 mL 后贮存于冰箱。

稀释液:取贮存液 1.25 mL,用蒸馏水稀释至 1 000 mL,分装于适宜容器中,121℃高压灭菌 15 min。

(三)无菌生理盐水

1. 成分

氯化钠	8.5 g
蒸馏水	1 000 mL

2. 制法

称取 8.5 g 氯化钠溶于 1 000 mL 蒸馏水中,121℃高压灭菌 15 min。

附录三

培养基和试剂的配制

一、牛肉膏蛋白胨培养基(用于细菌培养)

牛肉膏	3 g
蛋白胨	10 g
NaCl	5 g
琼脂	15～20 g
水	1 000 mL
pH	7.0～7.2

121℃ 湿热灭菌 20～30 min。

二、高氏 1 号培养基(用于放线菌培养)

可溶性淀粉	20 g
KNO_3	1 g
NaCl	0.5 g
$K_2HPO_4 \cdot 3H_2O$	0.5 g
$MgSO_4 \cdot 7H_2O$	0.5 g
$FeSO_4 \cdot 7H_2O$	0.01 g
琼脂	20 g
水	1 000 mL
pH	7.2～7.4

配制时，先用少量冷水将可溶性淀粉调成糊状，再倒入煮沸的水中，在火上加热，边搅拌边加入其他成分，溶化后，补充水分至 1 000 mL。121℃湿热灭菌 20～30 min。

三、革兰氏染色液

(1)草酸铵结晶紫染液：结晶紫乙醇饱和液(结晶紫 2 g 溶于 20 mL 95%乙醇

中)20 mL,1%草酸铵水溶液 80 mL,将两液混匀置 24 h 后过滤即成。此液不易保存,如有沉淀出现,需重新配制。

(2)卢戈(Lugol)氏碘液:碘 1 g,碘化钾 2 g,蒸馏水 300 mL。先将碘化钾溶于少量蒸馏水中,然后加入碘使之完全溶解,再加蒸馏水至 300 mL 即成。配成后贮于棕色瓶内备用,如变为浅黄色则不能使用。

(3)95%乙醇:用于脱色,脱色后可选用以下(4)或(5)的其中一项复染即可。

(4)稀释石炭酸复红溶液:碱性复红乙醇饱和液(碱性复红 1 g,95%乙醇 10 mL,5%石炭酸 90 mL 混合溶解即成碱性复红乙醇饱和液),取石炭酸复红饱和液 10 mL 加蒸馏水 90 mL 即成。

(5)番红溶液:番红 O(safranine,又称沙黄 O)2.5 g,95%乙醇 100 mL,溶解后可贮存于密闭的棕色瓶中,用时取 20 mL 与 80 mL 蒸馏水混匀即可。

以上染液配合使用,可区分出革兰氏染色阳性(G^+)或阴性(G^-)细菌,G^- 被染成蓝紫色,G^+ 被染成淡红色。

四、生理盐水

NaCl　9 g

蒸馏水　1 L

最后浓度为 0.9%。

五、5%孔雀绿水溶液

孔雀绿 5.0 g,蒸馏水 100 mL。

六、番红水溶液

番红 0.5 g,蒸馏水 100 mL。

七、美兰染液

在 52 mL 95%乙醇和 44 mL 四氯乙烷的三角烧瓶中,慢慢加入 0.6 g 氯化美蓝,旋摇三角烧瓶,使其溶解。放置 5～10℃下,12～24 h,然后加入 4 mL 冰醋酸,用滤纸过滤。贮存于清洁的密闭容器内。

八、吕氏(Loeffier)美蓝染色液

A 液:美蓝(methylene blue,又名甲烯蓝)0.6 g,95%乙醇 30 mL。

B 液:0.01% KOH 100 mL。

混合 A 液和 B 液即成,用于细菌单染色,可长期保存。根据需要可配制成稀释美蓝液,按 1∶10 或 1∶100 稀释均可。

九、乳酸石炭酸棉蓝染色液(用于真菌固定和染色)

石炭酸(结晶酚)20 g,乳酸 20 mL,甘油 40 mL,棉蓝 0.05 g,蒸馏水 20 mL。将棉蓝溶于蒸馏水中,再加入其他成分,微加热使其溶解,冷却后用。滴少量染液于真菌涂片上,加上盖玻片即可观察。霉菌菌丝和孢子均可染成蓝色。染色后的标本可用树脂封固,能长期保存。

十、saline-EDTA-PVP 溶液

0.15 M NaCl,0.1 M EDTA,2% PVP(*W*/*V*)。

十一、20 mg/mL 溶菌酶

准确称取 0.2 g 溶菌酶,加水溶解,定容至 10 mL,用 0.22 μm 无菌滤膜过滤,储存于−20℃,备用。

十二、5 M NaAc 溶液

准确称取 68.05 g NaAc,加水溶解并定容至 100 mL。室温保存。

十三、25% SDS

准确称取 10 g 高纯度的 SDS 置于 100~200 mL 烧杯中,加入约 80 mL 的去离子水,68℃水浴溶解,滴加浓盐酸调节 pH 值至 7.2,将溶液定容至 100 mL 后,室温保存。

十四、0.5 mol/L EDTA(pH 8.0)

在 800 mL 水中加入 186.1 g 二水乙二胺四乙酸二钠，在磁力搅拌器上剧烈搅拌，用 NaOH 调节溶液的 pH 值至 8.0(约需 20 g NaOH 颗粒)，然后定容至 1 L，分装后高压灭菌备用。

十五、50×TAE 缓冲液

242 g Tris，57.1 mL 冰醋酸，100 mL 0.5 mol/L EDTA(pH 8.0)，定容至1 L，高压蒸汽灭菌，室温保存。